普通高等教育"十三五"规划教材

高等院校计算机系列教材

空间信息技术实验系列教材

# 网络课程开发实验教程

廖燕玲　编

华中科技大学出版社

中国·武汉

# 内 容 简 介

　　本书包含实验报告案例分析及指导、国外网络课程实验教学设计两个部分,每部分均提供相关理论的阐述和对应的案例。其中,第一部分"实验报告案例分析及指导"对每个案例的实验报告进行了详细的剖析,学生可以通过使用本书来很好地完成相应的实验报告,从而达到提高网络课程设计与开发水平的目的。

　　本书可作为《网络课程设计与开发》(武法提编著,高等教育出版社)一书的配套教材,也可作为其他网络课程设计与开发教材的参考书。

**图书在版编目(CIP)数据**

网络课程开发实验教程/廖燕玲编. —武汉:华中科技大学出版社,2020.1(2021.7重印)
普通高等教育"十三五"规划教材　高等院校计算机系列教材
ISBN 978-7-5680-3967-3

Ⅰ.①网…　Ⅱ.①廖…　Ⅲ.①计算机网络-课程设计-高等学校-教材　Ⅳ.①TP393-41

中国版本图书馆 CIP 数据核字(2018)第 287629 号

**网络课程开发实验教程**
Wangluo Kecheng Kaifa Shiyan Jiaocheng

廖燕玲　编

策划编辑:徐晓琦　李　露
责任编辑:李　昊
封面设计:原色设计
责任校对:曾　婷
责任监印:徐　露
出版发行:华中科技大学出版社(中国·武汉)　　电话:(027)81321913
　　　　　武汉市东湖新技术开发区华工科技园　　邮编:430223
录　　排:武汉楚海文化传播有限公司
印　　刷:武汉市洪林印务有限公司
开　　本:787mm×1092mm　1/16
印　　张:6.75
字　　数:157千字
版　　次:2021年7月第1版第2次印刷
定　　价:18.00元

# 序

  21 世纪以来,云计算、物联网、大数据、移动互联网、地理空间信息技术等新一代信息技术逐渐形成和兴起,人类进入了大数据时代。同时,国家目前正在大力推进"互联网+"行动计划和智慧城市、海绵城市建设,信息产业在智慧城市、环境保护、海绵城市等诸多领域将迎来爆发式增长的需求。信息技术发展促进信息产业飞速发展,信息产业对人才的需求剧增。地方社会经济发展需要人才支撑,云南省"十三五"规划中明确指出,信息产业是云南省重点发展的八大产业之一。在大数据时代背景下,要满足地方经济发展需求,对信息技术类本科层次的应用型人才培养提出了新的要求,传统拥有单一专业技能的学生已不能很好地适应地方社会经济发展的需求,社会经济发展的人才需求将更倾向于融合新一代信息技术和行业领域知识的复合型创新人才。

  为此,云南师范大学信息学院围绕国家、云南省对信息技术人才的需求,从人才培养模式改革、师资队伍建设、实践教学建设、应用研究发展、发展机制转型 5 个方面构建了大数据时代下的信息学科。在这一背景下,信息学院组织学院骨干教师力量,编写了空间信息技术实验系列教材,为培养适应云南省信息产业乃至各行各业信息化建设需要的大数据人才提供教材支撑。

  该系列教材由云南师范大学信息学院教师编写,由杨昆负责总体设计,由冯乔生、肖飞、罗毅负责组织实施。系列教材的出版得到了云南省本科高校转型发展试点学院建设项目的资助。

# 前　言

随着互联网数十年来的蓬勃发展,依靠网络推进教育,已经逐渐成为人们关注的热点之一。随时随地可以共享的网络教育为人们提供了一种全新的学习方式,许多国家都高度重视并努力扶持,为推进网络教育的发展投入大量资金,不遗余力地推进网络教育的普及,使得教学培训的层次和内容更加丰富。

自 1999 年教育部正式启动"现代远程教育工程"以来,已批准清华大学等 68 所高校开展网络大学试点工作,进行专科和本科学位、学历教育,以及开设研究生课程。教育部还大力发展高校的网络教育,将之列为高校工作的重点之一,例如在网络教育应用开发上投资 4000 万元来支持高校网络教材和网络教育师资队伍建设,建立了 200 门左右的网络课程,其内容包括网上学习、师生交流、辅导答疑、网上作业和网上测试等。与此同时,教育部在基础教育领域也陆续展开网络教育的实践和应用。全国已有近 3000 所中小学组建了校园网,上万所学校组建了网络化电子教室。为适应信息化社会的要求,教育部在《关于加快中小学信息技术课程建设的指导意见(草案)》中提出:要在 10 年里逐步、全面普及信息技术必修课,要用 5～10 年,使全国 90％独立建制的中小学能够联网,使每一名中小学师生都能共享网上教育资源。目前发展比较迅速的是中小学网校,它以提供学校课程同步教育和中小学课外补习为主。这类网校能使普通学校的学生在线接受到名校优秀教师的辅导,受到家长和学生的欢迎。

近 20 年,我国各试点学校经过摸索,初步形成了基于校园网的多媒体教学与校外远程教学的开放式办学模式,并开发出一批网上课程和教学资源。但与一些发达国家相比,我国的网络教育还存在着不少问题。其中最主要的问题就是目前我国的网络教育基本上仍是传统教育在网络上的移植,即沿用"老师讲、学生听"的旧模式,只是"教材和黑板搬家"而已,是传统学校教学内容的翻版。网络课程也没有根据网络教育的特点重新组织和构建教学内容,选择与网络教学相匹配的教学方法和策略,而是直接将传统学校中设计好的课程从面对面的课堂教学搬到网络上去实施。

网络课程作为一种特殊形式的课程,应该按照课程开发的规律进行严谨的需求分析、课程设计和教学设计。而目前的网络课程从课程论的角度看,绝大多数都缺少课程设计的环节,从而造成网络教育缺少特色,难以培养出能够与传统教育竞争和互补的人才。

实验是理论和实践相结合的过程。网络课程开发教材目前都是以理论教学为主,而与之配套的实验教材很难找到。编写本书的初衷就是弥补这一缺憾。与一般的实验教程不同,本书采用案例分析法,每个实验均提供实际教学中的理论阐述和案例分析,旨在帮助学生能够根据已有的案例,在正确的理论引导下完成相应的实验,掌握网络课程设计与开发的规律,从而逐步实现一门网络课程的设计与开发。

本课程涉及的先修课程包括"学习科学与技术""教学系统设计""程序设计基础""数

据库应用基础""计算机网络""多媒体平面设计""计算机动画制作"等。如果要很好地掌握本课程内容,做好每一个实验,最好能学过以上先修课程,或者至少学过"学习科学与技术""教学系统设计""多媒体平面设计"这三门课程。

本书由云南师范大学信息学院廖燕玲博士编,其中"实验报告案例分析及指导"章节中选用了云南师范大学教育技术学专业 2014 级学生[1]的实验报告作为案例。我们根据网络课程开发的实验教学目标对这些实验报告做了不同程度的删减和修改,以方便用于实验教学,特在此予以说明。

由于本书的实验原理大部分引用自武法提博士的《网络课程设计与开发》(高等教育出版社)一书,因此在开设"网络课程开发"课程时,可将本书与武法提博士的《网络课程设计与开发》结合起来使用,这样既保证了理论学习与实践能够有机地融合,又保证了学生在写实验报告时有理论依据可循。

因本书作者经验与学识有限,疏漏之处敬请读者批评指正。

廖燕玲

2019 年 11 月

---

[1]注:选用实验报告的学生名单为

张莞欣　曹思莹　董雨薇　姚懿容　赵金玲　洪晓婷　马泽琪　杨云　龙艺　海月　施东琴
曾宇琦　骆晶晶　马佳乐　张嘉燕　杨雪　蔡雨蒙　李汕虹　陈婵婵　缪璐怿　姚歆雷　余春丽
杨怡巧　张爱甜

# 目　　录

# 第1章 实验报告案例分析及指导

　　网络课程是一门实践性较强的课程。网络课程开发实验的思路主要如下：首先，要选择典型的网络课程进行剖析，让学生理解一门优质网络课程应具备的基本特点，以及当前网络课程开发中出现的主要问题；其次，学生在对一门具体课程（课程应具有明确的教学目标、教学对象、教学资源、教学活动和教学评价）进行教学设计、脚本设计后，采用小组协作的方式系统地完成该课程的开发任务。在实验过程中，教师指导学生对网络课程的可用性、规范性等方面进行评价。

　　本书按照网络课程开发实验教学大纲拟定了 8 个实验，其中实验四、实验六为个人独立完成的实验，其余实验则需要小组协作完成。每个实验都选择了 1～2 个实验报告作为案例，并对其优点及需要改进的地方进行总结和分析，以此引导学生完成实验报告的撰写，让学生在完成实验后能够撰写出高质量的实验报告。

## 1.1　实验一　网络课程设计基础

　　实验一的目标在于使学习者在实验过程中掌握网络课程设计基础，并结合网络课程的基本构成和原理分析其结构设计，根据实验结果总结网络课程开发的设计原则和一般流程。

### 1.1.1　案例一

**1. 实验目的**

（1）了解网络课程的基本构成和原理。
（2）了解网络课程开发的技术支持。
（3）掌握网络课程开发的设计原则和一般流程。

**2. 实验内容**

（1）利用网络课程的基本构成和原理分析精品课程结构。
（2）利用网络课程开发的技术支持、设计原则和一般流程分析典型的 MOOC（大规模在线开放课程）。

**3. 实验仪器设备及环境**

（1）联网的微型计算机。
（2）Windows 7 及以上版本操作系统。

**4. 实验原理**

（1）网络课程的基本结构。

网络课程的基本结构如表 1-1 所示。

表 1-1 网络课程的基本结构

| 项目 | 具体结构 | 说明 |
|---|---|---|
| 整体层次 | 首页—主页或平台—首页—主页 | 具体根据平台条件而定。首页—主页—首页—主页还可以增加登录页,将评审表内容放于登录页下方,方便评审专家查看;首页—平台—首页—主页通常在平台功能与支持服务比较完善的情况下采用 |
| 首页内容与结构 | 以学习者为中心组织内容,类目模块结构 | 目录上方以课程方面的学习活动为主(资源、教学、互动、实验、测试等),下方通常围绕学生学习需要来组织板块 |
| 主页与首页关联 | 弹出新主页窗口的松散耦合结构 | 主页以系统化的方式呈现学习内容与学习活动,有利于学习者的学习;主页内容可进行打包、复制,可移植性强 |
| 主页内容与结构 | 学习内容与学习活动,章节树目录＋类目 | 主页内容以细化的章节学习内容与学习活动为主,其提供固定的章节树目录结构,有利于学习者直观、系统地学习;类目式结构加强首页和主页的连贯性 |

(2)网络课程的基本构成。

网络课程作为一种全新的课程教学模式,其教学内容的呈现和教学活动的开展都是依托网络实现的,整个网络课程是一个由知识点跳转、导航策略和交互界面组成的教学系统。网络课程是一种基于当今的教育思想、教学理论与学习理论的指导的课程,其具有交互性、共享性、开放性、协作性和自主性等基本特征。

网络课程结构的基本构成要素主要有:教学内容模块、教学活动模块、教学策略模块、学习支持模块、学习资源模块和学习评价模块。网络课程中,各学习活动以模块形式呈现,分别承担一定的教学功能,同时各模块之间相互联系、相互依存,共同构成了一个有机整体,网络课程结构的基本构成要素如图 1-1 所示。

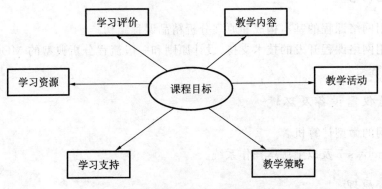

图 1-1 网络课程结构的基本构成要素

(3)网络课程开发的技术支持。

开发网络课程的主要目标是让学习者通过网络来进行自主学习,所以其界面应该简洁、易操作、交互性强。同时考虑到网络传输速度的限制,应尽量减少声音文件和较大的图形文件。网络课程开发不同于一般的网页制作,除了给学习者提供教学信息外,还要提供练习的机会,提高学习者动手的能力。

基于以上目的,在网络课程开发过程中该网站要实现以下功能。

- 页面交互。
- 模拟操作。
- 查找与检索。
- 自我评价系统。

(4)精品课程与网络课程的关系。

精品课程建设的核心是将网络课程的开发应用到真正的课程设计中。基于网络教学平台建设的精品课程网站,是能够真正应用于网络辅助学习的,并通过应用而持续更新精品课程,使之具有持久的生命力。总而言之,精品课程是具有一流教师队伍、一流教学内容、一流教学方法、一流教材建设、一流教学管理、一流机制建设等特点,并满足国家评审指标的,可示范应用的网络课程,精品课程的结构如图 1-2 所示。

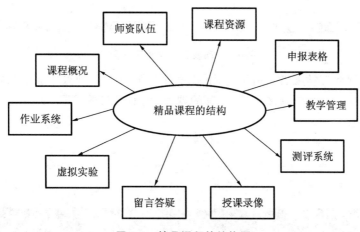

图 1-2　精品课程的结构图

(5)网络课程开发的设计原则和一般流程。

从网络课程的基本结构来看,其与一般的多媒体教学软件不同,它是学习者利用网络进行远程学习的课程,也是通过网络展现的某门学科的教学内容和实施的教学的总和。在开发的过程中,我们需要遵循以下原则。

- 个性化原则。
- 合作化原则。
- 多媒体原则。
- 交互性原则。
- 开放性原则。

## 5.实验步骤

(1)精品课程分析。

· 网易公开课(网易公开课首页界面如图1-3所示)。

**图1-3 网易公开课首页界面**

网易公开课允许学习者自由浏览、下载免费课程,也可注册登录获取收费课程进行学习。该平台包括了国内外众多名校、名师的课程,例如经典的 TED 演讲就可以通过网易公开课平台观看。

· 微课网(微课网首页界面如图1-4所示)。

**图1-4 微课网首页界面**

　　微课网的课程设置主要以中考、高考科目为主。它是针对初、高中生的网络学习平台,提供初、高中各学科的在线教育微课程视频,同时学习者之间可以组成圈子互动答疑、测试并分享学习动态。微课网以全新的学习理念为引导,由全国顶级名师独家倾力奉献丰富的微缩精品课程,以全新的视角解读新中考、新高考,轻松扫除知识盲点,全面构建初、高中多层次学科知识体系,采用国际领先的视频流媒体技术实现高清视频视听体验,通过教育社交网站(ESNS)精确整合微课、检测、疑难问答等多个学习环节,真正实现全国顶级名师的个性化高效指导,帮助无数学习者实现学习的跨越式进步。

　　微课网的每一节课程时长均在 10 分钟以内,其教学目标明确、内容精练,方便学习者对不懂或不熟悉的知识点进行反复学习从而真正掌握知识。

　　微课网是个营利性的学习平台。这一点限制了不少学习者选择微课网平台进行学习。为了帮助学习者做出明智的选择,其系统设置上有一个免费试听专区,学习者可以进入这个专区选择试听某课程,然后根据试听结果来选择是否购买该课程的后续课程进行学习。

　　(2)MOOC 分析。

　　大规模在线开放课程(Massive Open Online Courses,MOOC)是一种新的课程教学模式,它有比较完整的课程结构,且没有人数、时间、地点的限制,具有开放性、规模性、组织性和社会性等特点。社会化学习有利于构建网络学习与知识的创造和分享,对于推动开放教育可能会产生深远的影响。MOOC 不仅是学习者的聚集地,更是一种通过共同的话题或对某一领域的讨论将教师和学习者连接起来的方式。MOOC 的基本原则是汇聚、混合、转用、推动分享学习资源。

　　• 学堂在线(学堂在线首页界面如图 1-5 所示)。

图 1-5　学堂在线首页界面

学堂在线是免费公开的 MOOC 平台,是教育部在线教育研究中心官方合作平台。平台分为在线学习系统和课程管理系统,学习者可以通过注册或第三方账号(如 QQ、微信等)登录平台。学习者登录平台后可进行自由选课、听课和社区讨论,系统会根据听课进度给出相应的练习题,并对练习结果进行评分。教师则可通过系统上传上课视频、添加教学资料及练习题,并能及时查看学习者学习的反馈情况。

学堂在线同时开发了 PC 版客户端和手机 App,不同的学习者可以选择合适的学习设备。

• 中国大学 MOOC(中国大学 MOOC 首页界面如图 1-6 所示)。

图 1-6 中国大学 MOOC 首页界面

• MOOC 学院(MOOC 学院首页界面如图 1-7 所示)。

图 1-7 MOOC 学院首页界面

## 6. 实验总结

本实验报告用文字说明辅以网络课程的界面,很好地阐述和分析了网络课程的结构和设计流程,可以说,小组成员基本上达成了实验目的。通过本次实验,小组成员已对网络课程的设计基础有了一定程度的了解,网络课程就是网络教学资源＋网络教学活动。

网络课程中常见的教学活动包括:在线交流、分组讨论、布置作业、作业讲评、视频讲座、探索性活动等,通过这些教学活动可以提高学习者的学习兴趣,增进学习者之间、学习者和教师之间的交流,教师可以通过作业和答疑检测学习者的学习进展情况,为学习者提供个性化的指导。

本次实验比较成功,基本上达成了实验目的,但是实验报告中缺乏独到的想法和深入思考,更多的是通过对精品课程、MOOC 网站界面的观察来进行初步的分析和总结。其次,因为本学期的课程任务比较繁重,小组成员没能花足够的时间去深入剖析网络课程的结构,进一步探索新知识,只注重表面的内容,希望日后能够有所改进。

## 7. 实验思考与练习

(1)分析网络课程、网络教学系统,以及网络课件之间的关系。

(2)阐述网络课程的设计原理。

(3)分析网络课程设计与开发流程的主要特点。

(4)阐述网络课程的课程设计中各环节的具体内容。

**案例分析:**

本实验报告在阐述网络课程的构成原理、基本要素、设计原则和流程的基础上,对多个网络课程网站(如网易公开课、微课网、学堂在线、中国大学 MOOC、MOOC 学院)进行了初步分析。报告总体符合要求,实验步骤清晰明确,理论内容详尽,实验总结较客观,但是也存在以下缺点。

(1)未能对网络课程开发的一般流程在精品课程及 MOOC 中的体现进行总结。

(2)缺乏对网络课程开发技术方面的分析。

(3)欠缺对网络课程开发与对应理论如何结合的思考。

(4)如何在实际网络课程平台中体现其原理还有待加强。

(5)在实验的关键环节及改进措施上未能进一步反思。

# 1.1.2　案例二

## 1. 实验目的

(1)了解网络课程的基本构成和原理。

(2)了解网络课程开发的技术支持。

(3)掌握网络课程开发的设计原则和一般流程。

## 2. 实验内容

(1)利用网络课程的基本构成和原理分析精品课程结构。

(2)利用网络课程开发的技术支持、设计原则和一般流程分析典型的 MOOC。

## 3. 实验仪器设备及环境

(1)联网的微型计算机。

(2)Windows 7 及以上版本操作系统。

## 4. 实验原理

(1)网络课程的基本结构和原理。

网络课程包括:教学目标、教学内容、教学策略、教学活动和网络教学支撑环境。网络课程分为自主学习型和授课型两大类。自主学习型网络课程是完全依靠 Web 开发技术,包括按照一定的教育技术规范来编写的多媒体课件,其学习内容及形式都比较丰富,适合学生使用网页浏览器进行自主学习;授课型网络课程类似于电视教学,不同的是,前者通过网页浏览器播放,一般来讲,网页的左上方为教师的讲课录像,左下方为章节简介,右边为教师的讲稿内容,这类课件由于视频文件比较大,故适用于通过宽带上网的学习者学习。

(2)网络课程开发的设计原则。

在设计网络课程时,要求尽可能采用成熟的技术,使用应用比较广泛的开发工具。网络课程应尽可能开发成无须安装就能够直接运行的可执行文件或脚本程序。具体设计原则如下。

• 科学性。网络课程中表达的知识要具有科学性,措辞要准确,行文要流畅,要按照知识的内在逻辑体系进行表现,并且符合学习者的认知结构。

• 交互性。网络课程要有良好的交互性,能及时对学习者的学习活动做出反馈。呈现的知识应该是具有可操纵性的,而不是纯粹的教材电子文档。

• 界面友好。网络课程界面设计要美观,要符合学习者的视觉心理;导航栏目的操作要简单,不需要学习者具备大量的预备技能;提示信息要详细、准确和恰当。

• 创新能力培养。知识创新和信息获取的能力是当代素质教育的核心,网络课程应采取多种教学策略,促进学习者在学习过程中进行积极思考,培养学习者的创新能力和创造性思维。

• 协作性。协作学习有利于高级认知能力以及合作精神的培养,网络能够为协作学习提供更为便利的环境和条件。因此,在进行网络课程设计时要发挥这一优势,在网络课程中提供协作学习和协同学习的工具。

• 教学设计。重视教学设计,注意分析学习者的特征、教学目标和教学内容的结构。设计要符合学习者认知心理的知识表现形式,有能够促进学习者知识建构的学习策略。

(3)网络课程设计与开发的流程。

网络课程设计与开发支持多种课程目标,不仅仅是行为目标,其中评价活动贯穿网络课程设计与开发的各个环节。考虑到新编内容和已有内容改编相结合,网络课程设计与开发是开放式的,支持网络教育机构和学习者共同评价和完善课程,并且网络课程在实施上支持自主学习或混合式学习。网络课程设计与开发的流程如图 1-8 所示。

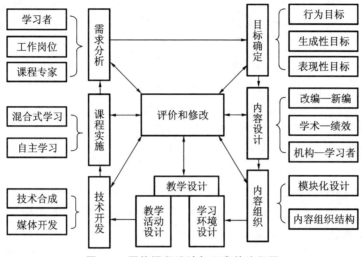

图 1-8 网络课程设计与开发的流程图

## 5.实验步骤

(1)阅读《网络课程设计与开发》第一章,熟悉网络课程的概念和网络课程设计与开发的流程。

(2)上网查找精品课程和典型的 MOOC 网站,从中选择一门典型的课程进行分析,在分析网络课程的基本结构时要注意避免以偏概全。

以爱课程为例,爱课程网是教育部、财政部"十二五"期间启动实施的"高等学校本科教学质量与教学改革工程"支持建设的高等教育课程资源共享平台。它是一个在线开放课程的平台,学习者可以根据自己的需要来选择课程进行学习。

首页(见图 1-9)界面包括我的发言、提到我的、我的评论、我的开放课堂、我的学习笔记、我的答疑解惑、我的学习资源、公开课学习记录、我的收藏、学发圈、消息。

图 1-9 爱课程首页

• 我的发言:学习者可以在网站上发布自己的学习问题咨询、学习心得分享等,可以在上面发布文字、图片、视频等格式的信息。这个为学习者提供了一个很好的学习交流的平台。

• 提到我的:为学习者和学习者之间的互动、学习者和老师们的互动提供一个交互的平台。

• 我的评论:学习者在网上学习时对教师的讲课方法和遇到的情况进行评价。

• 我的开放课堂:存放学习者已选择的课程(主要是视频)。

• 我的学习笔记:用来存放学习者的学习笔记。

• 我的答疑解惑:用来存放学习者的学习问题。

• 我的收藏:用来存放学习者收藏的学习资源。

• 我的学习资源:用来存放学习者的学习资源。

• 公开课学习记录:用来存放学习者的公开课学习记录。

以中国大学 MOOC(见图 1-10)为例,中国大学 MOOC 分为七大模块:评分标准、教学安排、课件、测验与作业、考试、讨论区、分享。不同的课程有不同的评分标准和教学安排,每门课程相关的课件、测验、作业与讨论是课程的主要内容,常见的教学安排有以下几个部分。

图 1-10　中国大学 MOOC

• 观看视频:课程会提供几段教学视频,每段视频都会讲解重要知识点和教学内容,学习者可以有选择性和目的性地观看。

• 课间练习:视频中增加一些小练习题,以单项和多项选择题等形式,让学习者对所学内容进行消化并吸收。

• 随堂交互:有些视频结束,学习者可以在讨论区与教师、同学随堂交互,讨论相关学习内容并发表自己的想法和见解。

• 完成回顾性测验并提交作业:每周安排单元小测验,让学习者对本周所学的重要内容进行回顾练习,在线提交以获得教师的批改反馈,这也能让教师及时了解阶段教学的结果和学习者学习的进展情况以及存在的问题等,以便及时调整和改进教学工作。

• 讨论区:中国大学 MOOC 大部分课程每周都会提供学习者讨论的话题,让学习者在讨论区讨论,学习者也可自主在教师答疑区、课堂交流区、综合讨论区和师生之间进行交流,或者自发形成讨论组私底下再度进行学习探讨。讨论在有的课程中会作为该课程成绩计分的一部分。

● 中期测验:在课程结束时,会有针对课程内容、讨论话题、提交作业等的结业考试。

例如,学习者选择了一门大学英文写作课程。某操作步骤如下。

①进入首页(见图 1-11)。

**图 1-11　国防科学技术大学大学英文写作 MOOC 首页**

②如图 1-12 所示,可以看到左边有八个模块:公告、评分标准、课件、测验与作业、考试、讨论区、配套教材、课程分享。

**图 1-12　国防科学技术大学大学英文写作 MOOC 学习界面**

爱课程是授课型课程,MOOC 是自主学习型课程。它们都按一定的教学策略组织教学内容和网络教学支撑环境,学习内容及形式都比较丰富灵活。但它们也有一定的区别,爱课程的学习者来自一个班或者一个学校,也就是学校教学中精品课堂的呈现。MOOC 的学习者来自世界各地,他们凭自己的兴趣爱好来选择课程,视频的呈现形式多种多样,大多数是以 PPT 和讲解的形式呈现。

(3)上网搜索相关的资料,整理文档。在查找资料时要学会筛选和辨别,以及充分查找相关资料。

### 6.实验总结

本次实验比较成功,至少达成了实验目的。本次实验的目的是让学习者了解网络课程的基本结构和原则,以及网络课程开发的一些设计原则和流程,网络课程结构包括教学目标、教学内容、教学策略、教学活动和网络教学支撑环境。网络课程的开发首先要了解网络课程的结构,从而进行需求分析,围绕教学目标设计,组织好课程内容,在技术支持下进行开发,其次再进行课程实施,并在实施过程中对结果进行评价和改进。在实验中或许还存在一些不足之处,网络课程的开发将在今后不断完善和改进。

**案例分析:**

该实验报告通过选择精品课程——爱课程和中国大学 MOOC 为例,从课程设计的角度入手,精确地分析和对比了这两种网络课程的结构,由此总结出网络课程的基本结构、网络课程开发的设计原则和流程。报告符合教学大纲要求,理论与实践结合的过程阐述清晰,但是在实验结果的分析方面需要更加深入详尽的理论支持,结论也需要进一步细化。

# 1.2 实验二 网络教学平台的使用

网络教学平台是将教学过程(课件的制作与发布、教学组织、教学交互、学习支持和教学评价)、教学的组织与管理(用户与课程的管理)、网络教学资源库及其管理系统三者整合而成的网上教学支撑环境。实验二是在实验一的基础上要求学生掌握网络课程的教学支撑环境——网络教学平台的使用,并学会安装和维护网络教学平台。

## 1.2.1 案例一

### 1.实验目的

(1)了解网络教学平台的定义与构成,以及目前存在的教学平台。

(2)熟悉网络教学平台的常见功能模块。

(3)学会使用网络教学平台。

(4)学会 MOODLE 平台的搭建。

### 2.实验内容

(1)分析学校提供的网络教学平台:超星尔雅网络教学平台、智慧树教学平台、精品课全民终身学习课程平台。

(2)MySQL 数据库安装、Apache 配置、MOODLE 平台配置。

### 3. 实验仪器设备及环境

（1）联网的微型计算机。

（2）Windows 7 及以上版本操作系统。

（3）MOODLE 平台软件包。

### 4. 实验原理

（1）网络教学平台的定义与构成。

网络课程就是通过网络呈现某门学科的教学内容及实施的教学活动，是信息时代新的课程表现形式。它包括按一定的教学目标、教学策略组织起来的教学内容和网络教学支撑环境。其中网络教学支撑环境特指支持网络教学的软件工具、教学资源，以及在网络教学平台上实施的教学活动。网络课程具有交互性、共享性、开放性、协作性和自主性等基本特征。

目前有很多网络教学平台，比如：MOOC（慕课）、清华学堂在线、TED、中国大学MOOC 等，小型的网络教学平台主要有超星尔雅网络教学平台、智慧树教学平台、精品课全民终身学习课程平台。

网络教学平台是一个包括网上教学和辅导、网上自学、网上师生交流、网上作业、网上测试，以及质量评估等多种服务在内的综合教学服务支持系统，能为学习者提供实时和非实时的教学辅导服务。

依据现代教学设计理论和建构主义学习理论，一个面向学生的网络教学平台系统应包括管理系统模块、学习工具模块、协作交流模块、网上答疑模块、学习资源模块、智能评价模块和维护支持模块等子系统。

（2）网络教学平台的功能。

网络教学平台以课程为中心集成网络教与学的环境：教师可以在平台上开设网络课程，学生可以自主选择想学习的课程并自主进行课程内容学习。不同学生之间以及教师和学生之间可以根据教、学的需要围绕相关课程进行讨论、交流。它是支撑网络远程教育最重要的应用系统，为教师、学生提供了强大的施教和网上自主学习的环境。

在平台上，教师可以进行管理教学、编辑课件、在线考试、审批作业、组织在线答疑、统计学生学习情况等操作。学生可以选修课程、安排学习计划、查看课程内容、提交作业、协作学习和交流、查看学习成绩、参与学校社团交流等。网络教学平台是可根据课程学习需要进行个性化定制的强大学习工具，将成为师生沟通的桥梁。

网络教学平台的主要功能是：以课程为核心，每一个课程都具备独立的学习区、交流区、考试区、管理区。

①内容资源管理功能：使用简单；实现了课程学习内容和学习辅助工具的分离；兼容多种文件格式课件，支持 IMS、SCORM、MicroSoft LRN 等国际网络教育标准；数字收发箱；在线日历；电子黑板。

②在线交流功能：支持多种教学模式；讨论区；虚拟教室；群发邮件。

③考核管理功能：试题库管理功能；创建实时测验；测验定时功能；在线成绩簿。

④系统管理功能：系统注册和课程创建，角色管理功能和分级授权管理机制；模块拓展；完善的管理、统计、考评体系；跟踪、统计；灵活、方便的机构、人员、角色管理功能和分级授权管理机制；资源管理。

网络教学平台的功能流程图如图 1-13 所示。

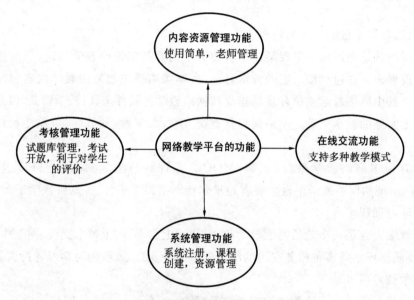

**图 1-13　网络教学平台的功能流程图**

（3）Apache 配置、Moodle 平台配置。

Apache 是世界使用率排名靠前的 Web 服务器软件。Apache HTTP Server（简称 Apache）是 Apache 软件基金会的一个开放源码的网页服务器。

MOODLE（Modular Object-Oriented Dynamic Learning Environment）是一个用于制作网络课程或网站的软件包。MOODLE 是一个开源课程管理系统（即 CMS），也称为学习管理系统（即 LMS）或虚拟学习环境（即 VLE）。

如何配置 Apache，可参看以下网站：

http://jingyan. baidu. com/article/6181c3e06d6804152ef15318. html? qq-pf-to = pcqq. c2c

MOODLE 应用，Windows 环境下的安装包：

http://www. 360doc. com/content/12/1213/10/8412433_253739037. shtml

MySQL 官网下载链接：

https://dev. mysql. com/downloads/file/? id=467269

MOODLE 官网下载链接：

https://download. moodle. org/download. php/stable32/moodle-latest-32. zip

PHP、Apache 和 MySQL 配置教程：

https://wenku.baidu.com/view/afae091059eef8c75fbfb3dc.html? re＝view

MOODLE 与 PHP 的关系：

https://zhidao.baidu.com/question/144748637.html

5.实验步骤

（1）分析学校提供的网络教学平台：超星尔雅网络教学平台、智慧树教学平台、精品课全民终身学习课程平台。

超星尔雅网络教学平台界面如图 1-14 至图 1-17 所示。

图 1-14　超星尔雅网络教学平台登录界面

图 1-15　超星尔雅网络教学平台课程界面

图 1-16　超星尔雅网络教学平台课程学习界面

**图 1-17　超星尔雅网络教学平台课程作业界面**

智慧树教学平台界面如图 1-18 至图 1-20 所示。

**图 1-18　智慧树教学平台登录界面 1**

**图 1-19　智慧树教学平台登录界面 2**

**图 1-20　智慧树教学平台学习界面**

精品课全民终身学习课程平台界面如图 1-21 所示。

图 1-21   精品课全民终身学习课程平台界面

（2）Apache 配置、MOODLE 平台配置。

在 E 盘建立一个新的文件夹，将其命名为"wamp"。打开"wamp"，在里面新建三个文件夹，分别命名为"apache""www""mysql"。

①安装 Apache。

双击安装文件"httpd-2.2.22-win32-x86-no_ssl.msi"，将出现 Apache HTTP Server 2.2 的安装向导界面，单击"Next"继续，如图 1-22、图 1-23 所示。

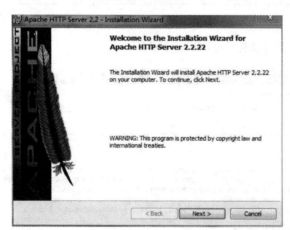

图 1-22   Apache 安装界面 1

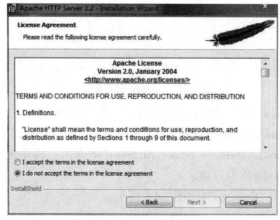

图 1-23   Apache 安装界面 2

选择"I accept the terms in the license agreement",单击"Next",将得到如图 1-24 所示界面。

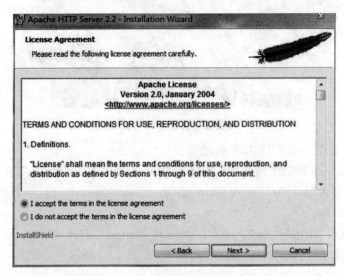

图 1-24　Apache 安装界面 3

单击"Next",将出现如图 1-25 所示界面。

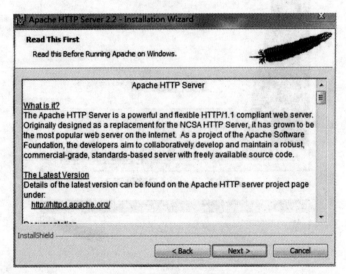

图 1-25　Apache 安装界面 4

阅读 Apache 安装的使用须知后,单击"Next"将出现如图 1-26 所示界面。

在"Network Domain"下面的空格里填"localhost",在"Server Name"下面的空格里填"localhost",在"Administrator's Email Address"下面的空格里填个人的邮箱号,单击"Next",将出现如图 1-27 所示界面。

在安装类型中选择"Custom",如图 1-28 所示。

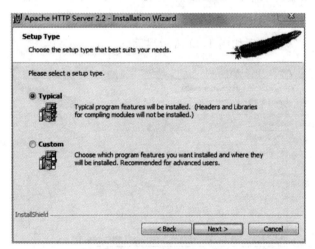

图 1-26　Apache 安装界面 5

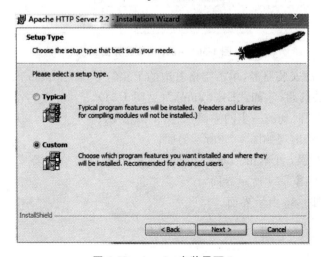

图 1-27　Apache 安装界面 6

图 1-28　Apache 安装界面 7

单击"Next",将出现如图 1-29 所示界面。

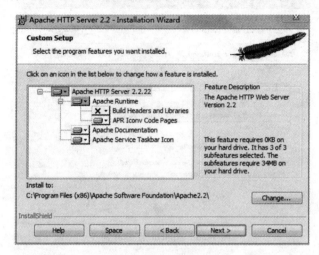

图 1-29　Apache 安装界面 8

单击"Change…",将出现如图 1-30 所示界面。

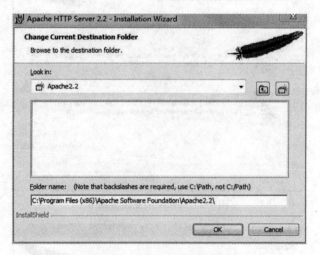

图 1-30　Apache 安装界面 9

改变 Apache 的安装路经,单击空格右边的下拉符号,在"Folder name"栏下面的空白里选择要重新安装的路径,如:"E:\wamp\"(见图 1-31)。

然后单击"OK"回到前一步的界面,如图 1-32 所示。

单击"Next",将出现如图 1-33 所示界面。

若安装选项有误,可单击"Back"返回,一步步进行检查。若安装选项无误,单击"Install",将出现如图 1-34 所示界面。

还将出现如图 1-35 所示界面。

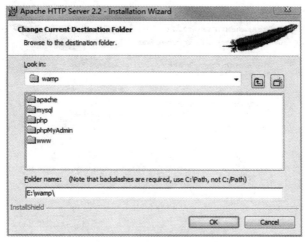

图 1-31　Apache 安装界面 10

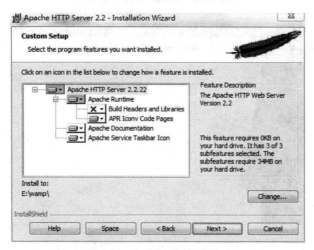

图 1-32　Apache 安装界面 11

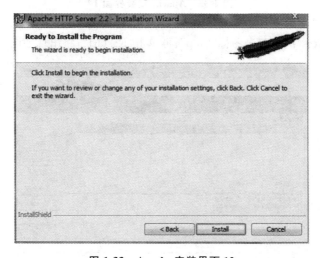

图 1-33　Apache 安装界面 12

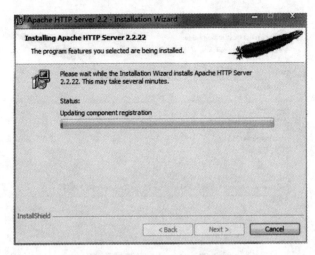

图 1-34　Apache 安装界面 13

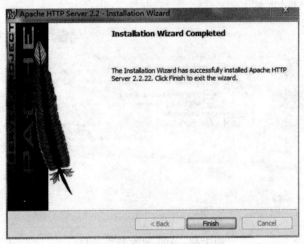

图 1-35　Apache 安装界面 14

当右下角栏目出现图标,表示 Apache 服务器已经开始运行,单击"Finish"。熟悉图标选项"Stop"和"Restart",双击图标"Stop",再单击"Restart",将出现如图 1-36 所示界面。

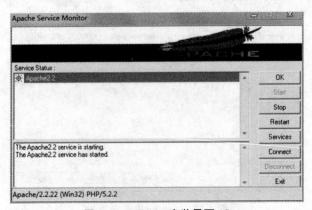

图 1-36　Apache 安装界面 15

在地址栏输入"localhost"，再按回车，将出现如图 1-37 所示界面，则表明 Apache 安装成功了。

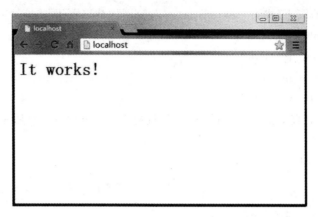

图 1-37　Apache 安装界面 16

如需要对 Apache 进行重新设定，可在 http.conf 文件（见图 1-38）中按快捷键"Ctrl＋F"找到"DocumentRoot"，把"htdocs"里面的网页"index.html"复制到"www"路径下。如果打开的网页出现乱码，请先检查网页内有没有上述的 html 语言标记，如果没有，添加上去就能正常显示了。查找"♯ DefaultLanguage nl"，并把前面的"♯"去掉，把"nl"改成你要输出的语言，中文是"zh-cn"，保存，关闭。

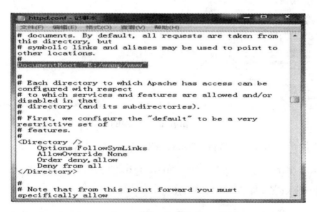

图 1-38　Apache 配置文件的设定

双击小图标"Restart"，所有的配置就生效了。

②安装并配置 php。

将已经下载的文件"phpmyadmin"和"php-5.2.2-win32"解压并复制到"E:/wamp/"下，并把"php-5.2.2-win32"重命名为"php"。

找到 php 目录下的"php.ini-dist"或"php.ini.recommended"文件，将其重命名为"php.ini"，并复制到系统盘的 windows 目录下（以 C:\windows 为例）。

再把 php 目录下的"php5ts.dll"和"libmysql.dll"复制到目录 C:\windows\下。然后把 php5 目录下的文件"ext"复制到"C:\windows\"下。如果没有加载"php_gd2.dll"，php 将不能处理图像；没有加载"php_mysql.dll"，php 将不支持 mysql 函数库；"php_ mbstring. dll"在后面使用 phpmyadmin 时支持宽字符。用记事本打开文件"php. ini"并进行编辑。

按快捷键"Ctrl＋F"找到"；extension＝ ",分别加载以下语句：

extension＝php_gd2. dll

extension＝php_mbstring. dll

extension＝php_mysql. dll

extension＝php_mysqli. dll

注意：php 能够直接调用其他模块,首先选择要加载的模块,然后去掉前面的"；",就可以调用此模块了。

结果如图 1-39 所示。

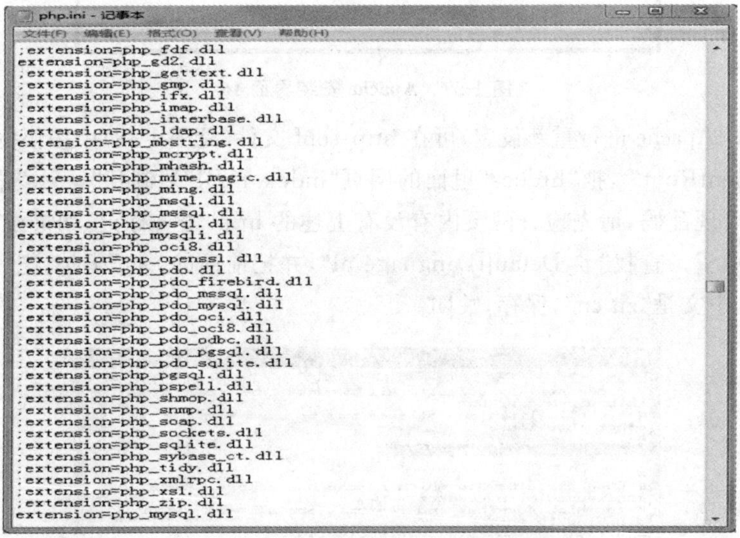

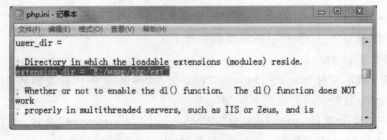

图 1-39　php 配置文件的设定 1

然后保存,双击右下角的小图标"Restart",重启 Apache。

查找"extension_dir"有这么一行"extension_dir ＝ ". /""",将此行改成"extension_dir ＝ "E：/wamp/php/ext""",如图 1-40 所示。

图 1-40　php 配置文件的设定 2

再次保存,双击右下角的小图标"Restart",重启 Apache。

在"httpd. conf"窗口进行以下步骤。

将 php 以 Module 方式与 Apache 相结合，使 php 融入 Apache，用记事本打开 Apache 的配置文件，即"E:/wamp/apache/conf"下的"httpd. conf"文件。添加如图 1-41 所示选中的两行："♯ LoadModule PHPIniDir E:/wamp/php"是指明 php 的配置文件 "php. ini"的位置，其中的"E:/wamp/php"要改成先前选择的 php 解压缩的目录；"LoadModule php5_module E:/wamp/php/php5apache2_2. dll"是指以 Module 方式加载 php，然后保存，双击右下角的小图标"Restart"，重启 Apache。

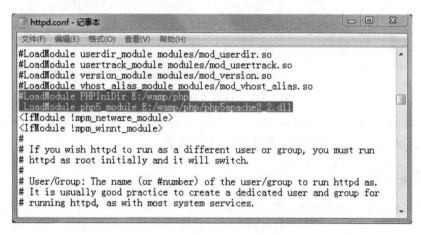

**图 1-41　php 配置文件的设定 3**

查找"AddType"。

加入"AddType application/x-httpd-php . html""AddType application/x-httpd-php. php""AddType application/x-httpd-php. txt"，实质就是添加可以执行 php 的文件类型，则. html 和. txt 文件可以执行 php 程序了，如图 1-42 所示。

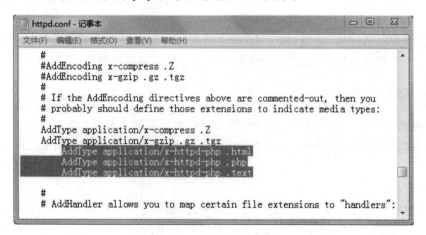

**图 1-42　php 配置文件的设定 4**

前面所说的目录默认索引文件也可以改一下。因为现在添加了 php，有些文件可以直接存为 php 的文件类型，我们也可以把"index. php"设为默认索引文件，然后自己指定优先顺序（见图 1-43）。编辑完成，保存，双击右下角的小图标"Restart"，重启 Apache。

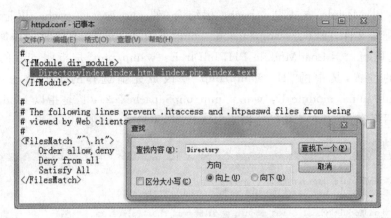

**图 1-43   php 配置文件的设定 5**

现在,php 的安装与 Apache 的结合已经全部完成,用屏幕右下角的小图标重启 Apache,你的 Apache 服务器就支持 php 的文件类型了。

**6. 实验总结**

本次实验含有大量的图片,然后配上简单的文字说明,小组成员基本上达成了实验目的。在汇总环节,小组成员已对网络教学平台的使用有了一定程度的了解。通过本次实验,小组成员基本熟悉网络教学平台,为自己后面制作网络课程奠定了一定的基础。

本次实验比较成功,至少达成了实验目的,但是仔细分析,内容还有所欠缺,主要是缺乏自己的想法。虽然对网络教学平台的使用有了一定的了解,但只是具体讲了如何安装,对 Apache 配置、MOODLE 平台配置方面的内容介绍不够具体。由于 Apache 配置、MOODLE 平台配置方面的内容需要安装软件,总体实施起来比较繁琐,所以本次实验有些地方还是有些空洞,不够具体。

实验者须对 Apache 配置、MOODLE 平台配置方面进一步了解和学习。只有对网络教学平台的使用比较熟悉,我们才能顺利完成后面的网络课程设计。

**7. 实验思考与练习**

(1)网络课程属于网络教育的一种,那么网络教育的理念是什么?

(2)网络课程和教学系统(网络教学平台)的构成要素有哪些?相互之间又有什么关系?

**案例分析:**

该实验报告首先对学校提供的网络教学平台(超星尔雅网络教学平台、智慧树教学平台、精品课全民终身学习课程平台)做了简要的说明,然后以图片和文字结合的形式详细地阐述了如何构建网络教学平台——MOODLE 平台的实验过程。由此我们对网络教学平台的使用有了一定程度的了解。但是,我们对实验报告中提到的网络教学平台未能进行深入地功能对比和分析,只停留在平台界面的截图上,忽略了不同平台的特色,容易导致网络课程开发与平台无法很好地融合,从而影响课程设计的实施效果。

# 1.2.2　案例二

### 1. 实验目的

(1)了解网络教学平台的定义和构成,以及目前存在的教学平台。
(2)熟悉网络教学平台的常见功能模块。
(3)学会使用网络教学平台。
(4)学会 MOODLE 平台的搭建。

### 2. 实验内容

(1)分析学校提供的网络教学平台:超星尔雅网络教学平台、智慧树教学平台、精品课全民终身学习课程平台。
(2)MySQL 数据库安装、Apache 配置、MOODLE 平台配置。

### 3. 实验仪器设备及环境

(1)联网的微型计算机。
(2)Windows 7 及以上操作系统。
(3)MOODLE 平台软件包。

### 4. 实验原理

广义的网络教学平台包括支持网络教学的硬件设施和软件系统。狭义的网络教学平台是指建立在互联网的基础之上,为网络教学提供全面支持服务的软件系统的总称。

(1)网络教学平台的基本构成和分类。

一个完整地支持基于 Web 教学的支撑平台应该由三个系统组成:网上课程开发系统、网上教学支持系统和网上教学管理系统,分别完成 Web 课程开发、Web 教学实施和 Web 教学管理。从宏观层面上来说,远程教育平台的状况很大程度上反映了一个国家或地区的现代远程教育的发展水平。具体就一个远程办学实体来说,远程教育平台提供远程教育、教学和管理的基本活动空间,关系到教学、管理的质量和效率。

网络教学平台在原来教学系统的基础上,从对教学过程(课件的制作与发布、教学组织、教学交互、学习支持和教学评价)的全面支持,到教学的组织管理(用户与课程的管理),再到与网络教学资源库及其管理系统的整合,集成了网络教学需要的主要子系统,构建了一个比较完整的网上教学支撑环境。随着互联网技术、数据库技术、多媒体技术的不断发展,学生的参与程度和需求的不断增长,以及人们对网络环境下远程学习的理解不断深入,网络教学平台可划分为以下三代。

• 第一代——点播式教学平台。在网络教育发展初期,点播式教学平台主要实现了教学资源的快速传递,学生可以随时随地点播音频和视频课件、查阅电子教案、完成在线作业等。其主要特点是以课件为中心,网上展示电子教育资源,强调平台管理。

• 第二代——交互式教学平台。交互式教学平台给学生提供学习导航、在线或离线课程、答疑辅导、讨论、在线自测等服务,从而提高了师生之间的互动水平以及学生的学习效果。其主要特点是以学生为中心,加强了教学平台的交互功能,强调为学生提供及时、有效的服务。

• 第三代——社会化教学平台。随着互联网技术的迅速发展、全球化趋势的加强,以及学习社会化的提出,学生利用社会化教学平台,通过智能化搜索引擎、Blog(利用评论、留言、引用通告功能)、Wiki,以及其他社会性软件等,建立起属于自己的学习网络,包括资源网络和伙伴网络,并处于不断的增进和优化状态。其主要特点是社会化,集体智慧的分享与创造,强调学习社会化。

目前的网络教学平台可分为以下几类。

• MOODLE、Blackboard、IBM 协作教学平台、网梯远程教育平台、清华在线教育平台等网络教育平台。

• 国内 MOOC:学堂在线、ewant 育网、MOOC 学院、中国大学 MOOC、超星MOOC 等。

• 门户网站:网易云课堂、有道精品课、网易公开课(App)、腾讯精品课、腾讯课堂、新浪公开课、超星学术视频、缘来知识视界、人人网开放课、搜狐公开课、Skype 教育频道、爱奇艺公开课、优酷教育、土豆开放课程、电驴公开课等。

• 公开课、精品课程等免费资源(国内):国家数字化学习资源中心、国家精品课程资源网、中国教育资源网、爱课程、职教公开课、高等职业教育资源中心、全国中职数字化学习资源平台、优课网、五分钟课程网、风风微课、微课网等。

常用网络教学平台的特点及优、缺点对比如表 1-2 所示。

表 1-2　常用网络教学平台的对比

| 网络教学平台类型 | 特点 | 优点 | 缺点 |
| --- | --- | --- | --- |
| Blackboard | ①以课程为核心,每一个课程都具备内容资源管理、在线交流、考核管理和系统管理的功能<br>②课程学习内容和学习辅助工具的分离,兼容多种文件格式<br>③具有笔记功能,可随时进行网上学习和查看自身的学习安排<br>④支持同步教学、异步教学,以及在线讨论<br>⑤定制个性化试题,创建实时测验,开放考试时间<br>⑥跟踪学生的学习过程和学习效果 | ①系统技术的大容量和高稳定性,支持百万级用户<br>②安全性高<br>③易用性高<br>④个性功能强大,满足不同的需求者<br>⑤可定制、操作性和扩展性强、角色切换灵活,实现"一平台,一门户,多应用"<br>⑥资源共享和互换便捷,可提高资源的利用效率 | ①文字编辑功能差<br>②教师工作量大,管理复杂 |

续表

| 网络教学平台类型 | 特点 | 优点 | 缺点 |
|---|---|---|---|
| MOODLE | ①具有网站管理、课程管理和学习管理的功能<br>②动态模块管理,可以对模块灵活地移动、删除和修改<br>③快速安装,低门槛技术 | ①开源性和免费性<br>②使用配置方便<br>③跨平台<br>④安装容易,操作简单<br>⑤可以在各种操作系统中运行 | ①版本之间的兼容性差且版面混乱<br>②占用系统资源多,运行速度慢<br>③无法统一控制和安排课程学习活动<br>④不能制订个人的学习计划 |
| IBM 协作教学平台 | ①分布式教学,具有网站管理、课程管理和学习管理的功能<br>②以"学生"为主的协作学习<br>③可以进行语音和文本的交互 | ①可通过 Web 学习,无须下载客户端<br>②支持 SQL、Oracle 和 DB2 三种数据库<br>③可即时发送消息和在线感知 | 在教学方面应用少,多应用于商务 |
| 网梯多媒体远程教育通用平台 | ①以"教师"为主体<br>②带宽的自适应性<br>③在线课件管理<br>④版权加密保护和汉字内码自动转换<br>⑤在线公式输入<br>⑥在线白板教学和答疑<br>⑦跨平台技术和压缩传输 | ①实时压缩传输,减轻带宽的压力<br>②可以批量处理数据<br>③发展历史悠久 | 学习课程需要缴费 |
| 清华在线教育平台 | ①可以自主设计教案<br>②将个人和公共教学资源相结合<br>③以"知识"为核心<br>④自适应学习机制<br>⑤智能答疑系统<br>⑥对象的行为跟踪以及远程考试自动录入成绩库 | ①教案涉及多种媒体资源<br>②采用多种关键技术结合<br>③学生可以根据个人的学习考试结果发现自己的不足<br>④可以进行数据和操作的交互 | 课程设计较专业化,有难度,需要有一定的知识基础 |

（2）网络教学平台的功能模块。

网络教学平台常见的功能模块有课程介绍、教学大纲、教学安排、教师信息、发布课程通知、教学材料、答疑讨论、课程作业、课程问卷、试题试卷库、在线测试、教学笔记、个人资源、教学邮箱、课程管理、课程列表、教学博客、日程安排、申请开课等。

网络教学平台为不同类型的平台提供接口的模块还有模块选择、材料准备、栏目设置（可设置教学平台与精品课程平台栏目的衔接）、内容编辑、申报预览、课程设置（可设置教学平台与精品课程平台课程的衔接）等。

（3）MOODLE平台的搭建（基于 Windows 的 MOODLE 平台搭建）。

MOODLE 是 Modular Object-Oriented Dynamic Learning Environment 的英文缩写，意思是面向对象的模块化动态学习环境，是由澳大利亚 Martin Dougiamas 博士主持开发的课程管理系统（CMS）。该系统是一套基于"社会建构主义理论"而设计开发的开源软件，能够帮助教师高质量创建和管理在线课程。现阶段 MOODLE 探讨较为广泛，MOODLE 的一体化安装包只能提供单机版的运行环境，如果需要为一所学校提供服务，则需要手动在服务器上进行安装。

5.实验步骤

（1）以沈阳工程学院网络教学平台为例进行问题分析。

教学材料最好以个人资源建立为主，以避免因平台系统不稳定或其他原因不能使用。如何上传资料到网络教学平台？比较保险的方法如下。

首先，为方便修改、调整和发布，最好把资料传入"个人资源"里（见图1-44），其可以任意调用到其他文件夹。

**图1-44　沈阳工程学院网络教学平台个人资源建设1**

注意：上传完毕后，查看一下"教学材料权限"，打√表示认可。

然后，在"教学材料维护"中，导入"个人资源"（见图1-45）。

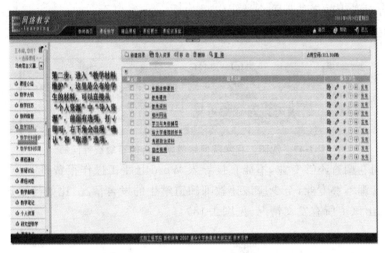

图 1-45　沈阳工程学院网络教学平台个人资源建设 2

平台使用中可能出现的问题如下。

①课程通知仅适用于学生互动的基础上，如果学生不上网登录，通知便成为摆设，所以在学生上网不便或有重大事件需要及时沟通时，采用课程通知与学生手机短信或其他即时通讯方式相结合会更完美。

②校外资源的引用最好采用链接的方式，毕竟校内服务器所支持的资源条件是有限的，在校外上传、下载都会影响其传播速度。

③网络教学平台是封闭系统，且课程论坛因其封闭，不一定会引起学生关注。为了引其关注，论坛互动可给学生一定的成绩奖励。

④平台无法实现排序统计，即不能按照班级或组别有序排列统计，又不能直接以电子表格的方式下载或查询，也不能直接导出 Excel，老师只能一页一页地复制粘贴到 Excel 中进行排序，例如图 1-46 所示的情况。

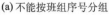
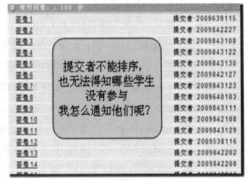

(a) 不能按班组序号分组　　　　　　　　(b) 无法通知没有参与的学生

图 1-46　沈阳工程学院网络教学平台的排序统计问题

⑤由于无法针对不同的小组发布不同的作业，因而差别化考核在网络教学平台上仍然无法实现。发布作业和考核时，每个班里都有些免考的学生，有考一部分的，有二次考

核的,但平台对学生的考核不能个性化定制。

⑥当学生提交作业,没有"班级"栏,导致手工操作费时费力(见图 1-47)。

图 1-47  沈阳工程学院网络教学平台的班级统计问题

⑦课程问卷调查不够专业,不能直接导入 Word 且手工操作很费事。

⑧论坛管理不够专业,至少应该让教师知道学生的发言情况,比如当教师单击一个学生时,能显示出该生所有发文情况(见图 1-48)。

图 1-48  沈阳工程学院网络教学平台的论坛管理问题

⑨教学平台中的课程重复问题,需要教师本人跟管理服务人员进行沟通,因为管理服务人员对教师课程设置的了解并不够专业。

(2)MOODLE 平台安装。

①安装前的准备。

首先,需要获得以下软件:

apache_2.2.4-win32-x86-no_ssl.msi(Web 服务器);

php-5.2.5-win32-installer.msi(php 脚本支持程序);

mysql-6.0.2-alpha-win32.zip(数据库服务器);

phpMyAdmin-2.11.2.rar(图形化数据库管理软件);

Zend Optimizer-3.3.3-Windows-i386.exe(php 脚本优化程序);

MoodleWindowsInstaller-latest-19.zip(Moodle 安装程序包);

zh_cn_utf 8.zip(Moodle 简体中文语言包)。

然后检查计算机是否启动 IIS 服务,可以在"控制面板"的"管理工具"中查看是否有"Internet 信息服务"选项,如果有,双击打开该选项后,单击停止服务按钮即可,同时将防火墙关闭(例如瑞星个人防火墙、金山网镖、诺顿防火墙等)。安装文件解压时应注意不要放在中文目录中,因为网页对中文字符支持不友好,容易导致网页不能浏览。

②安装 Apache。

运行安装文件"apache_2.2.4-win32-x86-no_ssl.msi",确认同意软件安装使用许可条例。设置系统信息,在 Network Domain 下填入网络域名;在 Server Name 下填入服务器名称;在 Administrator's Email Address 下填入一个合法的 Email 地址,当系统故障时,该 Email 地址会提供给访问者。选择安装类型为"Typical(典型安装)",默认占用 80 端口提供 Web 服务。更改安装目录,如更改为"D:\Moodle\Apache\",是为了防止操作系统出现故障后,还原操作并清除 Apache 配置文件。单击"Install"开始按前面设定的安装选项进行安装(如果安装前没有关闭防火墙,可能会出现 Windows 防火墙阻止程序安装的窗口,单击"解除阻止"即可)。安装向导完成后,这时右下角状态栏会出现一个绿色图标,表示 Apache 服务已经开始运行,然后按"Finish"结束 Apache 软件的安装。

左键单击状态栏中的绿色按钮,弹出"Start""Stop""Restart"3 个选项控制,用以控制 Apache 服务器。测试一下按默认配置运行的网站界面,在 IE 地址栏中输入"http://127.0.0.1",单击"转到",如果看到欢迎界面,表示 Apache 服务器已安装成功。

安装完成后,需要进行配置网站的默认主目录,选择"开始"→"所有程序"→"Apache HTTP Server 2.2.4"→"Configure ApacheServer"→"Edit the Apache httpd.conf Configuration file",单击打开 httpd.conf(用记事本打开),将 DocumentRoot "D:/Moodle/Apache/htdocs"改为 DocumentRoot "D:/Moodle/Moodle";将<Directory"D:/Moodle/Apache/htdocs">改为<Directory "D:/Moodle/Moodle">;其目的是将网站的主目录定位到 Moodle 的程序目录中。还需将"Directory Index index.html"改为"Directory Index index.php in-dex.html index.htm",这样 Web 服务器就会自动寻找对应的首页文件。注意在 Apache 中路径使用"/"而不是"\"。每次配置文件的更改保存后,必须将 Apache 服务器重启后才能生效。

③安装 PHP。

运行安装文件"php-5.2.5-win32-installer.msi",更改安装目录,如更改为"D:\Moodle\PHP"。将 Web Server 设置为"Apache 2.2.x Module"后,选择 Apache 配置目录(目录中包含 httpd.conf 文件),单击"Browse"选择目录"D:\Moodle\Apache\conf\"。然后选择安装的组件,必选组件有:Curl、GD2、Multi-Byte String、Mcrypt、MySQL、MySQLi、OpenSSL。单击"Extensions"前面的"+"展开树型目录,依次选择这 7 个组件为"Entire feature will be installed on local hard drive(全部安装)"。最后单击"Install"开始安装,直至出现"Finish"完成安装。

④安装 MySQL。

安装之前,必须保证电脑以前安装过的 MySQL 服务器彻底卸载了。解压文件"mysql-6.0.2-alpha-win32.zip"后执行"setup.exe",出现安装向导。选择安装类型为"Custom(用户自定义安装)",并在"Developer Components(开发者部分)"上左键单击,选择"This feature,and all subfeatures,will be installed onlocal hard drive.",安装所有文件。单击"Change",更改安装目录,如更改为"D:\Moodle\MySQL",然后单击"Install"开始安装。安装完成后,将"Configure the MySQL Server now"前面的勾打上,单击"Finish"结束软件的安装并启动 MySQL 配置向导。配置类型选择"Detailed Configuration(手动精确配置)";服务器类型选择"Server Machine";数据库的用途选择"TransactionalDatabase Only"。为 InnoDB 数据库文件选择一个存储空间,使用默认位

置。同时连接服务器的电脑数目,即网站的一般访问量选择"Online Transaction Processing(OLTP)",为 500 个左右。

启用 TCP/IP 连接,设定端口 Port Number:3306。默认语言编码选择"Manual Selected Default Character Set/Collation",然后在 Character Set 那里选择"gbk"。设置 Windows 选项中,两项全部打勾,将 MySQL 安装为"windows 服务",Service Name 不变;将 MySQL 的 bin 目录加入到"Windows PATH"。设置安全选项中,这一步询问是否要修改默认 root 用户(超级管理)的密码(默认为空),建议将"Modify Security Settings"前面的勾去掉,安装配置完成后另行修改密码。确认设置无误后,单击"Execute"使设置生效。最后,单击"Finish"结束 MySQL 的安装与配置。

⑤安装 phpMyAdmin。

将文件 phpMyAdmin-2.11.2.rar 解压后,把目录拖放到"D:\Moodle\Moodle\"中,并改名为"phpMyAdmin"。在浏览器中输入"http://127.0.0.1/phpMyAdmin",登录后会看到 MySQL 数据库的管理界面,可对 MySQL 数据库进行各种操作。

⑥安装 Zend Optimizer。

Zend Optimizer 是用优化代码的方法来提高 PHP 应用程序的执行速度。使用 Zend Optimizer 的 PHP 程序执行速度比不使用的要快 40% 到 100%。单击 Zend Optimizer 安装程序,出现安装界面,在安装过程询问 Web 服务器的类型时,选择"Apache 2.x"。选择 php.ini 文件目录后,单击"Browse"选择目录"D:\Moodle\PHP",然后选择 web 服务的程序目录,这里设置为"D:\Moodle\Apache"。安装过程中询问是否重新启动 Apache 服务器,选择"是"即可。

⑦安装 MOODLE。

将文件"MoodleWindowsInstaller -latest -19.zip"解压后,把 MOODLE 目录拖放到"D:/Moodle"。将文件 zh_cn_utf8.zip 解压后,把 zh_cn_utf8 目录拖放到"D:\Moodle\Moodle\lang"。打开浏览器后,输入"http://127.0.0.1/install.php",进入 MOODLE 安装界面,选择简体中文,开始安装。在配置数据库选项时,设置数据库密码。然后检查运行环境和组件情况,如果这一步出现问题,打开 phpMyAdmin 重新创建一个数据库后再重新安装 MOODLE。系统如果提示"下载简体中文语言包",由于我们已将语言包拷贝到相应目录中,则不需要再下载。创建配置文件后,开始安装数据库及各种模块等,单击"继续",直到出现管理员帐号画面为止,按要求输入管理员密码、邮箱地址、城市、国家等信息并单击"更改个人资料"。接下来配置网站首页和站点名称,之后通过首页上的"站点设置"链接可随时返回到此页修改这些设置,输入网站全称、网站简称等信息,单击"保存更改",进入站点主页面,MOODLE 的安装就完成了。

⑧在 MOODLE 中实现上传大文件的功能。

在 MOODLE 网站中,一般只允许上传不大于 2MB 的单个文件,如果需要上传大的文件,只要在 Apache 文件夹的 php.ini 文件中修改下列语句:

Maximumsize of POST data that PHP will accept.

post_max_size = 2M

Maximumallowed size for uploaded files.

upload_max_filesize ＝ 2M

将"2M"更改为所需要的数值,例如"8M"。

找到"memory_limit ＝ 8M",改为"memory_limit ＝ 16M"。

⑨中文日期格式乱码处理。

安装完 MOODLE 后,首页日历经常出现乱码,显示如"2009 骞‰m 鏈"。进入"D:\
Moodle\Moodle\lang"目录,找到 langconfig. php 文件,用记事本打开后,另存为 ANSI
编码进行替换即可。

⑩具体的 MOODLE 平台安装演示步骤。

在浏览器中输入并单击下面的链接:

https://download. moodle. org/download. php/windows/MoodleWindowsInstaller-
latest. zip

网页打开后即开始下载 MOODLE 安装包,下载完成的安装包如图 1-49 所示。

**图 1-49　MOODLE 安装包的下载及存储**

对安装包进行解压,将解压后的文件移到某个文件夹下,即安装文件目录,如图 1-50 所示。

**图 1-50　MOODLE 安装文件目录**

为防止安装过程不顺利,可将该文件的目录放入杀毒软件的白名单中(见图 1-51)。

**图 1-51　MOODLE 安装文件的信任设置**

打开文件夹,双击"start Moodle.exe"(见图 1-52)开始安装。

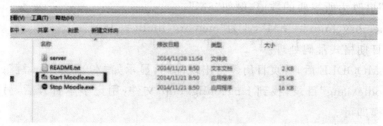

图 1-52　MOODLE 安装 1

安装完成后在浏览器地址栏输入"http://locallhost",界面如图 1-53 所示,在 Language 下拉栏中选择"Chinese(simplified)"(即语言栏中选择简体中文)。

### Choose a language

This release of the **Moodle Windows Installer** includes the applications to create an environment in which will operate, namely:

- Apache 2.4.4
- PHP 5.4.25 (VC9 X86 32bit thread safe) + PEAR
- MySQL 5.5.32 (Community Server)

The package also includes **Moodle 2.9dev** (Build: 20141113) (2014111300.00)

The use of all the applications in this package is governed by their respective licences. The complete **Moodle Windows Installer** package is open source and is distributed under the GPL license.

The following pages will lead you through some easy to follow steps to configure and set up **Moodle** on your computer. You may accept the default settings or, optionally, amend them to suit your own needs.

Click the "Next" button below to continue with the set up of **Moodle**.

Language　　English (en)

Next »

图 1-53　MOODLE 安装 2

下一步,确认安装路径,如图 1-54 所示。

### 确认路径

**网站地址**

可以访问到Moodle的完整网址。Moodle不支持通过多个地址访问。如果您的网站有多个公开地址,您必须把这个地址以外的所有地址都设为永久重定向。如果您的网站既可以通过内部地址访问,也可以通过这个公开地址访问,那么请配置DNS使内部用户也能使用公开地址。如果此地址不正确,请在浏览器中修改URL来重新安装,并设定另一个地址。

**Moodle目录**

Moodle安装的完整路径。

**数据目录**

Moodle需要一个位置存放上传的文件。这个目录对于Web服务器用户(通常是"nobody"或"apache")应当是可读可写的,但应当不能直接通过Web访问它。如果它不存在,安装程序会尝试建立。

网站地址　　http://localhost

Moodle目录　　C:\Users\TBWin7\Downloads\MoodleWindowsInstaller-latest\server\mood

数据目录　　C:\Users\TBWin7\Downloads\MoodleWindowsInstaller-latest\server\mood

« 向前　　向后 »

图 1-54　MOODLE 安装 3

继续下一步,进行数据库设置,密码自己设置,端口号默认为 3306,也可以为其他端口号,只要不跟其他软件端口号冲突就行。

6. 实验总结

实验中对比了接触过的几个平台,对 MOODLE 平台进行了搭建配置,虽然在配置过程中容易出错,但通过查找资料,得到了解决。

安装过程中要注意以下问题。

①首先要确认自己以前没有在所需服务器上安装过 MySQL 和 PHP,若有则应卸载完全,特别要删除 my. cnf、my. ini、php4ts. dll 和 php. ini 这 4 个文件。

②前面提过的,在安装过程中,如果出现 Apache 的端口与 IIS 的端口冲突,只要把 IIS 站点停止,就可以运行 EasyPHP-5. 3. 0 了。

③将整理下面的 SQL 改为 utf8_unicode_ci 才能正常运行 Moodle。

④ PHP 需 要 扩 展 库, 打 开 http://jingyan. baidu. com/article/e4d08ffdb467060fd2f60da0. html 网页,这里有 PHP 扩展库的方法,如果已经有了 dll 文件,则在 php. ini 文件里面查找"extension",例如";extension ＝ php_cur. dll",将前面的";"去掉,就可以扩展这个库了;如果在 PHP 下 ext 文件夹里没有的 dll 文件,则需要去 PECL 下载扩展库。

**案例分析:**

该实验报告在理论上清晰地阐释了网络教学平台的特点和构成,又用列表展示了各种网络教学平台类型的优缺点,而且在搭建 MOODLE 平台过程中能够及时总结经验,提炼出关键环节和注意事项,从而较好地完成了实验。但是,在撰写实验报告时,与案例一相比,实验步骤层次性不强,影响了实验报告的完整性。

# 1.3　实验三　网络课程的教学内容设计实验

在完成了"网络课程设计基础"和"网络教学平台的使用"这两个验证性实验之后,随之而来的就是要完成网络课程的教学内容设计。实验三"网络课程的教学内容设计实验"作为网络课程设计的基础,要让学生能够将网络课程所包含的内容按照课程的教学目标和网络教学环境的需要进行分解和重组,使教学内容在网络上以最恰当的形式呈现出来。

## 1.3.1　案例一

1. 实验目的

(1)了解如何将学习的内容和教学媒体进行整合。

(2)掌握网络课程的教学设计过程。

(3)能够运用基本原理进行网络课程教学设计。

(4)掌握网络课程教学设计的基本方法、原则和步骤。

## 2.实验内容

(1)典型的网络课程教学设计的案例。

(2)网络课程的教学目标设计。

(3)网络课程的教学内容设计。

(4)行为目标导向的"内容——媒体"设计,生成性目标导向的问题情境设计,表现性目标导向的教学活动设计。

## 3.实验仪器设备及环境

(1)联网的微型计算机。

(2)Windows 7 及以上版本操作系统。

## 4.实验原理

网络课程的教学内容设计是网络课程设计的基础,它将网络课程所包含的知识、内容按照网络课程的教学目标和网络教学环境的需要进行分解、重组,从而将教学内容用最适宜的形式表达出来。

(1)行为目标导向的"内容——媒体"设计。

行为目标导向下的教学内容是层次结构良好、系统完整的学科内容。"内容——媒体"设计是针对教学内容确定教学起点、教学顺序和容量,实现教学内容序列化,然后选择适合各知识点的媒体表现形式。设计网络课程教学内容的媒体呈现形式,首先要分析教学内容(理论知识和经验知识),然后要明确媒体的使用目的,最后通过分析各种类型媒体的特点,从而根据教学目标和内容的需要选定合适的媒体。

(2)生成性目标导向的问题情境设计。

①问题的设计(问题的内容)。

首先确定核心问题与单元问题,然后根据课程目标确定学生需要掌握的基本概念、原理,列出多个相关问题并对问题进行筛选和修改,最后确定问题解决的成果及完成标准。

②情境的设计(问题的呈现形式)。

情境的设计就是设计问题的呈现形式,这个阶段的主要任务:一方面,将设计好的问题与学生已有的经验和知识产生联系;另一方面,营造一种真实生动的、能够激发学生主动学习的气氛。

(3)表现性目标导向的教学活动设计。

表现性目标导向的教学活动设计主要是表现性活动的设计。学习活动是为了达成特定的学习目标,也是学生完成的学习及其所有操作的总和。因此,表现性目标导向的教学活动设计分为表现性评价任务的设计和表现性评价标准的制定两个方面。

## 5.实验步骤

本实验先要依据各种类型媒体的特点和教学目标的实际需求选择教学媒体,再根据生成性目标选择问题情境设计,最后选择教学活动设计和学习活动设计。

(1)寻找 1~2 个典型的网络课程教学设计的案例进行分析。

(2)分析案例中的教学内容是怎样设计的。

(3)分析各级目标导向的设计。

典型案例 1:《教育电视节目制作》。

(1)课程简介:《教育电视节目制作》是教育技术学专业数字媒体技术方向基础课程的教材。在系统掌握教育电视节目基本原理的基础上,它培养学生根据教育需要制作教育电视节目的实践能力,特别是培养学生数字教育电视节目制作的能力并能对节目进行教学应用研究与评价。教育电视节目制作网络课程基本结构如图 1-55 所示。

### 网络课程基本结构

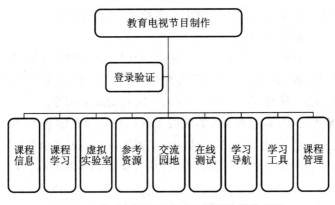

**图 1-55　教育电视节目制作网络课程基本结构**

(2)教学对象:教育技术专业的本科生、进修人员和工作者。

(3)课程学习模块:单元内容、学习要求、学习建议、学习资源、形成性练习。

(4)虚拟实验室简介:由于电视设备的昂贵,网络课程把部分实验通过虚拟现实的方式进行(见图 1-56)。

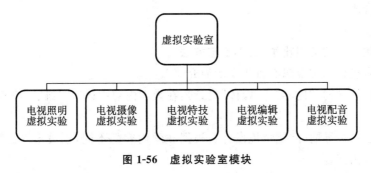

**图 1-56　虚拟实验室模块**

(5)课程主要特色。

①在课程学习部分插入大量的教学视频资源,丰富了纯课本式以外的学习,也更有利于讲解。

②通过虚拟实验室的方式解决了学生在实验中遇到的问题。

③通过多种评价方式对学生的学习进行评价。

④通过 CAA 对技能操作过程进行评价。

(6)教学目标设计分析。

①培养根据教育需要制作教育电视节目的实践能力。

②能够对节目进行教学应用研究与评价。

(7)教学内容的设计分析。

①教学内容中插入了多个教学视频资源,丰富了学习内容。

• 行为目标导向的"内容——媒体"设计:在课程学习部分插入大量的教学视频资源。

• 生成性目标导向的问题情境设计。

• 表现性目标导向的教学活动设计。

②通过虚拟实验室的方式解决了学生在实验中遇到的问题。

典型案例 2:《有机化学》网络课程。

(1)课程总目标:有机化学是研究碳氢化合物及其衍生物的一门学科。包括各类有机化合物,如烷、烯、炔、醇、醚、醛酮、有机酸等化合物的结构及其物理性质和化学性质,还包括有机立体化学、重排、聚合、缩合反应等空间反应及微观结构等。

(2)学生的基本特征:本网络课程的使用者定位在大学化学系本科二年级学生,以及生物系和医学院的学生,其年龄在 18 岁以上,生理发展已接近或全部完成,个体的心理变化开始向形成稳定的个性发展。其主要表现为:自我意识不断发展,智能高度发展,思想和行为表现充分。

(3)教学目标分析:将课程目标进行细分——分单元教学。

(4)教学内容的设计分析:通过制作二维、三维动画进行教学。

①有机化合物的同分异构、结构、命名和物理性质。

②有机化学反应。

③有机化学的基本理论及反应机理。

④有机合成。

⑤有机立体化学。

⑥有机化合物的常用化学、物理鉴定方法。

⑦元素有机化学和金属有机化学的简介。

• 行为目标导向("内容——媒体"设计):在教学内容中运用二维、三维动画进行模拟教学。

• 生成性目标导向(问题情境设计):根据教学内容的不同,创设不同的教学情境,基于教学情境提出问题。

• 表现性目标导向(教学活动设计):制定目标,将学生连成整体来完成目标。

### 6．实验总结

本次实验比较成功。实验从两个典型的网络课程的案例着手,分析了教学目标、教学内容、各级目标导向的设计。在设计网络课程时,学生要充分考虑教学目标、教学内容、各级目标导向的设计,可结合更多的实例来具体分析。

### 7．实验思考与练习

(1)"内容——媒体"设计是否有固定的模式? 为什么?
(2)阐述对生成性目标导向网络课程的问题进行设计时的注意事项。

**案例分析：**

该实验报告选择性地分析了两个网络课程案例,对网络课程的教学目标、教学内容、各级目标导向的设计有一定认识,但是没有能够根据实验要求和实验目的提出本小组的网络课程教学内容设计方案,所以本实验报告有待进一步完善。

## 1.3.2　案例二

### 1．实验目的

(1)了解如何将学习的内容和教学媒体进行整合。
(2)掌握网络课程的教学设计过程。
(3)能够运用基本原理进行网络课程教学设计。
(4)掌握网络课程教学设计的基本方法、原则和步骤。

### 2．实验内容

(1)典型的网络课程教学设计的案例。
(2)网络课程的教学目标设计。
(3)网络课程的教学内容设计。
(4)行为目标导向的"内容——媒体"设计,生成性目标导向的问题情境设计,表现性目标导向的教学活动设计。

### 3．实验仪器设备及环境

(1)联网的微型计算机。
(2)Windows 7 及以上版本操作系统。

### 4．实验原理

网络课程的教学内容设计是网络课程设计的基础,它将网络课程所包含的知识内容按照网络课程的教学目标和网络教学环境的需要进行分解、重组,从而将教学内容用最适宜的形式表达。

（1）行为目标导向的"内容——媒体"设计。

行为目标导向下的教学内容是层次结构良好、系统完整的学科内容。"内容——媒体"设计是针对教学内容确定教学起点、教学顺序和容量，实现教学内容序列化，然后选择各知识点适合的媒体表现形式。设计网络课程教学内容的媒体呈现形式，首先要分析教学内容（理论知识和经验知识），然后要明确媒体的使用目的，最后，通过分析各种类型媒体的特点，从而根据教学目标和内容的需要选定相应的媒体。

（2）生成性目标导向的问题情境设计。

①问题的设计（问题的内容）。

首先确定核心问题与单元问题，然后根据课程目标确定学生需要获得的基本概念、原理和能力，列出多个相关问题，并对问题进行筛选和修改，最后，确定问题解决的成果及完成标准。

②情境的设计（问题的呈现形式）。

情境的设计就是设计问题的出现形式，这个阶段的主要任务是：一方面，将设计好的问题与学生已有的经验和知识产生相关联系；另一方面，营造一种真实生动的、能够激发学生学习动机的气氛。

（3）表现性目标导向的教学活动设计。

表现性目标导向的教学活动设计主要是表现性活动的设计。学习活动是为了达成特定的学习目标，学生完成的学习及其所有操作的总和。因此，表现性目标导向的教学活动设计分为表现性评价任务的设计和表现性评价标准的制定两个方面。

### 5. 实验步骤

（1）选择教学内容——网络教学内容的选择不仅要根据学科本身的特点，还要根据学习对象的特点、兴趣等。在选择时，要尽量选取适合计算机网络表现的信息内容。

（2）设计教学内容的组织与呈现方式——在设计所要呈现的教学内容时，要对教学内容进行组织，把选定的教学内容进一步细分，以达到更有效的学习效果。

（3）选择合适的呈现媒体——呈现教学内容的媒体有很多，比如文字、图片、声音、动画、音频、视频等，可以根据内容的需要来选择相应的媒体。

（4）选择内容风格——教学内容的风格要根据学习对象来设计。设计出来的教学内容风格一定要简洁明了，即用最高效率的方式将学生想要学习的东西呈现出来，并且尽量去掉冗余的东西。

在信息技术课中设计"电子杂志的规划"这一课时，我们小组在设计其教学内容的时候，实施了以下几个环节。

• 由于本节课的教学目标是要理解电子杂志的制作步骤、组成，以及版面编排和页面设置。我们采用的教学媒体的表现形式是文本及图片，主要是制作PPT来进行教学。

• 本节课的主题是电子杂志的规划，所以可以在情境部分设置有关电子杂志设计的活动。我们设计的活动是电子杂志设计大赛，学校要求每个学生都要参加。在设计电子杂志之前可以先让学生看一个设计好的电子杂志,再让学生探索电子杂志设计的一些方法。

　　•设计教学活动。首先让学生观看教师制作的电子杂志,然后让学生模仿教师的示范步骤制作自己喜欢的电子杂志并提交给教师。

　　•进行教学评价及反馈。教师根据学生提交的作业情况分析学生对知识点的掌握情况。

注意事项:

在选择媒体时,应考虑到各媒体的特点及学习目标的需求,给学生布置任务时,要考虑到任务的设计步骤。

6.实验总结

本次实验针对信息技术课中"电子杂志的规划"内容进行了网络课程的教学内容设计,在设计过程中充分考虑到了学习对象的认知特点、对知识的掌握能力和教学环境对学生学习的影响。本次实验注重以活动带动学生的学习热情,让他们在实践过程中学习并掌握有效的学习内容。本次实验的不足之处在于没有进行实地考察去了解学生的具体情况,只是通过相关经验、学生之间的探讨,以及相关资料的查阅、分析来对教学内容进行设计,缺乏一定的论据,由此导致在教学实践中应用该教学方案时出现了以下问题:

(1)在教学过程中,出现学生对知识点理解不透彻的现象,比如在对电子杂志版面编排时还不能处理好文字和图片的位置。

(2)还有一部分学生在制作电子杂志时文字大小不一。

(3)大多数学生只注重做电子杂志的内容,缺少对页面的设计。

之所以会出现以上的几种问题,其原因有:一是学生在上课的时候没认真听讲,没注意教师所强调的内容;二是学生在设计电子杂志的时候没注意教师的要求,只按照自己的思路来设计电子杂志。

**案例分析:**

该实验报告内容详尽,分析得当,很好地达成了实验目的。能够完整写出所选课程的教学设计方案,已经形成本小组的特色。但实验报告的前部分欠缺典型网络课程案例的教学内容设计分析,且在最后的教学方案设计中也未能将"内容——媒体"设计的合理性充分体现出来,从而显得理论与实践结合不够紧密。如果能够借鉴案例一中的典型网络课程分析,本实验报告会更有深度。

综上,如果将实验三的案例一与案例二结合起来,可以形成更全面的实验报告。

# 1.4　实验四　网络课程学习资源设计与开发实验

实验四注重锻炼学生独立设计和制作多媒体学习资源——微视频教学资源的能力,要求每个学生能够自主完成某个知识点的微课设计与制作。实验报告中应该既有微课的脚本,又有对应的微课视频。

### 1.实验目的

(1)掌握网络课程开发的脚本编写。

(2)熟练操作学习资源制作的相关技术。

(3)掌握网络课程资源开发的标准。

(4)学会制作微视频教学资源。

### 2.实验内容

(1)网络课程中学习资源的类型。

(2)撰写课程资源的脚本,核定资源开发的标准及提升资源开发的技术。

(3)网络课程中学习资源的设计原理。

(4)网络课程中学习资源设计与开发的一般流程。

(5)具体网络课程学习资源开发的实训操作。

### 3.实验仪器设备及环境

(1)联网的微型计算机。

(2)Windows 7 及以上版本操作系统。

(3)Photoshop CS 图像处理软件、Camtasia Studio 录屏软件、After Effects 和 Adobe Premiere 视频编辑软件。

### 4.实验原理

(1)学习资源的定义。

学习资源指所有"可资学习之源",凡是对学习成长和发展有帮助的人、物和信息,都可称为学习资源。学习资源有广义和狭义之分,广义上指一切可为教学目的服务的人或物;狭义上指网络课程中独立于主体教学内容,学生在学习过程中可以利用的一切显现的或潜藏的资源。

(2)网络课程中学习资源的类型。

网络学习资源是开展网络教育的前提和基础。随着网络教育的逐步拓展,网络学习资源越来越丰富,教学资源的有效管理成为开展网络教育的关键。它为各类学习内容对象提供高效的存储管理、为各种使用者提供方便快捷的存取功能、为教学管理者提供资源访问效果评价分析,从而提高教学资源对象的利用率,促进教学资源更好地为实际教学系统服务。

根据学习资源进行知识传递的顺序和组织的方式,可以将网络课程的学习资源分为结构化学习资源和非结构化学习资源两大类。结构化学习资源是经过设计且按一定的结构组织起来的补充学习材料、练习和测试题等资源。结构化学习资源具有良好的结构和相对的稳定性,多采用线性的知识传递方式。非结构化学习资源包括网络教师、学习伙伴、同步或异步交流内容、网络外部链接等资源。非结构化学习资源具有结构不稳定、内容动态变化的特点，多采用非线性的知识传递方式。

（3）网络课程资源的设计原理及开发的一般流程。

网络课程是通过网络表现的某门学科内容及实施的教学活动的综合课程。它包括两个组成部分：按一定的教学目标、教学策略组织起来的教学内容和网络教学支撑环境。网络课程设计包括教学内容的设计、网络教学环境的设计及在网络教学环境上实施教学活动的设计。

网络课程资源开发的一般流程如图 1-57 所示。

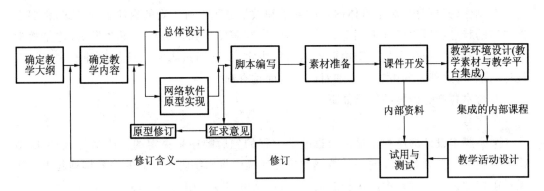

**图 1-57　网络课程资源开发的一般流程**

## 5. 实验步骤

（1）查找网络课程学习资源的类型。

（2）了解网络课程资源各个类型的内容。

（3）掌握网络课程资源的设计原理及开发的一般流程。

（4）了解开发网络课程资源的工具软件及其相关技术。

开发网络课程资源的工具软件：

网页制作工具——Dreamweaver；

图形、图像处理工具——Photoshop；

网页动画开发工具——Flash；

数据库工具——Access；

录屏软件——Camtasia Studio 录屏软件；

后期编辑软件——After Effects 和 Adobe Premiere 视频编辑软件。

相关技术：

数据库与 Web 的交互；

JavaScript 功能。

由于本次实验不涉及将网络课程资源上传至网络平台的问题，因此，在实验过程中没有网页的制作、数据库的设计等内容。

(5)确定网络课程的主题及内容。

小学三年级"科学"下册——"种子变成了幼苗""茎越长越高""开花了,结果了"。

(6)撰写网络课程脚本。

教学设计方案是网络课程开发脚本的纲,只有熟悉整个教学设计,让所有的脚本设计内容为课程教学设计服务,才能写出好的脚本,制作出好的网络课程。虽说在前期已有编写好的教学设计方案,但在脚本设计中同样需要根据教学设计方案,对整个网络课程的设计思路在结构上进行把握。

(7)脚本设计。

在制作的过程中,对于具体内容的处理和教学过程中所用到的媒体表现形式,都要根据内容的特点和教学设计来制定。什么样的内容需要用到什么样的媒体形式,这是教学设计人员和技术制作人员之间协调沟通后的决定,最终通过脚本设计表这种形式来体现设计的细节,这部分的内容越详细对制作方面越有利。

对脚本各部分内容的解读如下。

①序号。

文字脚本设计的序列安排是根据教学过程的先后顺序来决定的。依据"知识层次结构图",我们可划分各阶段的序号范围并按先后顺序将文字脚本设计的序号排列起来。如果在讲授知识点的过程中配有相应的问题,那么可根据问题的设计插入相应的序号。

②内容(知识点)。

内容可以是某个知识点或构成某个知识点的知识元素的文字内容,也可以是与知识内容相关的问题。如果内容中某个内容需要建立链接,则要使用带下划线的格式,例如:链接。

③页面显示媒体顺序及位置。

由于网络课程通常要使用多种媒体来表现教学内容,在讲解一个知识点的时候呈现给学生的不仅仅是文字,可能还包含图片、动画、声音等。因此在脚本设计上必须说明这些媒体的出现顺序及其在页面上的位置。主要是指每一个教学过程中,各种信息出现的前后次序(如先呈现文字后呈现图像、先呈现图像后呈现文字或者是图像和文字同时呈现等)和信息出现的位置。

④效果详细描述。

针对教学过程中多种媒体的运用,有些复杂的效果无法使用"页面显示媒体顺序及位置"来描述清楚,因此可以在这一项中对详细的效果进行说明。例如,教学中使用到一段动画内容,对于动画场景的设计就可以在这里进行描述。

⑤配音解说词。

配音素材的详细文字内容,如果需要对某些内容加入配音,则需要写出详细的解说词。

⑥所属章节及栏目。

为了让制作人员了解一个知识点或一个教学内容的从属关系,需在此标明所属章节及栏目。

⑦呈现位置。

呈现位置是基于"课程结构关系图"中所标明的界面级别而言的,需要标明内容将呈现在某一级页面上,建议结合"课程结构关系图"使用一级页面、二级页面……这样的描述方式来填写。

⑧相关链接和热字。

对内容中的相关链接和热字进行说明。

⑨其他。

对表格中未涉及的问题进行说明。

具体脚本如表 1-3 至表 1-5 所示。

表 1-3 "种子变成了幼苗"网络课程脚本

| 种子变成了幼苗 | | | |
|---|---|---|---|
| 内容(知识点) | 页面显示媒体顺序及位置 | 配音解说词 | 其他 |
| 认识种子 | 呈现三种种子,其中,荔枝种子的图片较大 | 大家一起来看看,我们生活中的种子有哪些?今天我们以荔枝的种子为例来深入了解一下种子 | 以荔枝种子为例讲解种子的构造 |
| 种子的结构 | 呈现种子的外形图 | 先看看种子的外形,它包括三个部分:种皮、种孔、种脐 | |
| | 呈现种子的内部解剖图 | 再看看种子的内部结构:胚芽、胚轴、胚根、子叶 | |
| 种子的萌发 | 种子萌发过程中的几张典型图片,图片中标明种子萌发后,种子的内部,每一部分各长成了幼苗的什么部分 | 种子的种皮和子叶为种子的萌发提供营养,胚芽变成了幼苗的叶和茎,胚轴变成了幼苗的茎和根中间的部分,胚根变成了幼苗的根 | |
| 课外活动 | 播种的 Flash 小动画 | 将教师发给大家的种子播种在花盆里,悉心照顾它,我们看看哪一个组的小幼苗会健康成长起来;<br>为了更好地观察和记录种子的生长过程,小组成员需要用教师给出的"我是小小种植员"记录表(见表1-6)来记录种子的生长过程 | 各个小组播种的种子类型不同,但都是易种植且生长周期较短的植物,如花生、迷你向日葵、蚕豆、香菜、白菜等 |

**表 1-4 "茎越长越高"网络课程脚本**

茎越长越高

| 内容(知识点) | 页面显示媒体顺序及位置 | 配音解说词 | 其他 |
|---|---|---|---|
| 植物的茎发生了变化 | 最左边放置种子的图片,从左往右依次呈现种子的生长过程,并配有图注 | 从"种子变成了幼苗"那节课中,我们了解了种子的构造,知道了它的各个部分对于植物生长的作用。接下来我们要了解一下:植物从幼苗开始长越大,茎有什么变化 | 导入 |
| 迷你向日葵茎的生长变化 | 以表格的形式呈现迷你向日葵茎的生长变化 | 这是迷你向日葵茎的生长变化记录表。大家在记录茎生长情况的时候,要注意这些方面的观察记录 | |
| | 呈现迷你向日葵植株的高度变化统计图 | 我们发现,植物的茎在不同生长阶段的颜色、硬度、高度不同,且不同时期的生长速度也不同 | |
| 茎的种类 | 从左往右依次呈现不同植株的茎:迷你向日葵的茎(直立茎)、南瓜的茎(匍匐茎)、牵牛花的茎(缠绕茎)、葡萄的茎(攀缘茎) | 大自然中的植物那么多,它们的茎也有很多种:像迷你向日葵这样直立生长的茎称为直立茎;像南瓜这样匍匐生长的茎称为匍匐茎;牵牛花喜欢缠绕着物体生长,我们称它的茎为缠绕茎;葡萄的茎上会长出类似缠绕茎的小藤子,我们称它为攀缘茎 | |
| | 其他类型的茎,图片依次缓慢呈现:平卧茎、平行茎、球茎、块茎、鳞茎、根茎、叶状茎 | 除了刚刚老师提到的茎,还有其他特殊的茎吗?我们一起来看一下:平卧茎、平行茎、球茎、块茎、鳞茎、根茎、叶状茎 | |
| 茎的作用 | 迷你向日葵的图片:有茎的图片,没有茎的图片 | 如果迷你向日葵没有了茎,会发生什么?叶和根没有连接了,植物是不是就死了。所以茎的作用是支撑植物、输送水分和养料 | |
| 思考 | 生长中的茎 | 如果茎不再继续生长了,植物将会发生什么? | |

**表 1-5　"开花了,结果了"网络课程脚本**

| 开花了,结果了 | | | |
|---|---|---|---|
| 内容(知识点) | 页面显示媒体顺序及位置 | 配音解说词 | 其他 |
| 思考 | 下面的几行字逐一出现:<br>植物开花前有什么征兆?<br>植物开花后又将发生什么变化?<br>总是在花凋谢了才结出果实,果实与花之间有什么关系?<br>小动画:花慢慢凋谢了,果实慢慢结出来了 | 上一节课留给大家的思考题:如果茎不再继续生长了,植物将会发生什么?不知道大家有没有答案。今天,就让我们一起探究一下。<br>在进入课堂之前,我先问大家三个问题:植物开花前有什么征兆?植物开花后又将发生什么变化?总是在花凋谢了才结出果实,果实与花之间有什么关系?<br>接下来,老师将带领大家去探索花和果实的秘密 | |

"我是小小种植员"记录表如表 1-6 所示。

**表 1-6　"我是小小种植员"记录表**

| ××小组××种子生长记录表 | | | | | | |
|---|---|---|---|---|---|---|
| 照顾方式<br>时间和温度 | 是否浇水 | 是否有阳光照射 | 是否发芽 | 是否松土 | 茎的长短、颜色、硬度、高度 | 开花过程 |
| | | | | | | |
| | | | | | | |

### 6. 实验总结

本次实验比较成功,至少达成了实验目的,但是通过细致分析,实验内容还有所欠缺,主要是缺乏自己的想法。我们总是认为,前人的经验、成果都是好的,故不想也不敢质疑这些已有的经验和成果,也就是缺乏探索和挑战权威的精神。所以,我们要做的就是尽量提高自己的做事效率。

### 7. 实验思考与练习

比较几种常用的微视频制作工具,举例说明其中两种软件的具体应用。

**案例分析:**

该实验报告步骤清晰,内容详尽,对实验的成败、关键环节和改进措施有清楚的认识。报告撰写时层次分明,每个环节都加入了个人的分析及见解,是质量较高的实验报告。

# 1.5 实验五 网络课程教学策略设计实验

## 1.5.1 案例一

**1. 实验目的**

(1)知道网络课程的不同结构模式及相对应的教学策略。

(2)知道"行为性目标——学科中心""生成性目标——问题中心"和"表现性目标——活动中心"网络课程中的各种教学策略。

**2. 实验内容**

(1)网络课程的结构模式。

(2)讲授策略、先行组织者策略、抛锚策略、教练策略、建模策略、随机进入策略、认知学徒策略和反思策略及其所包含的教学活动。

**3. 实验仪器设备及环境**

(1)联网的微型计算机。

(2)Windows 7 及以上版本操作系统。

**4. 实验原理**

1)教学策略

教学策略是指以教育思想为指导,在特定的教学情境中,为完成教学目标而制定并在实施过程中不断调适、优化,以使教学效果趋于最佳的系统决策与设计。教学策略是对完成特定教学目标而采取的教学活动程序、教学方法、教学形式和教学媒体等因素的总体考虑,是为达到某种教学目的使用的手段和方法,其有多个方面的含义:目标的设立、媒体的选择、方法的确立、活动的组织、反馈的方法及成绩的评定等。

2)网络课程教学中的教学策略

(1)"行为性目标——学科中心"网络课程中的教学策略。

①讲授策略。

适用范围:概念性的知识内容。

讲授方式:异步式讲授教学。

媒体形式:三分屏流媒体形式的网络课程。

缺点:教学模式单一,统一教学,难以因材施教。

②先行组织者策略。

在教学中,它的作用取决于学习材料本身是如何组织的,如果学习内容本身已有内在的组织者且编排顺序是逐渐分化的,那么就没有必要采用先行组织者策略。此策略能够帮助学生在认知结构中使原有的观念和新的学习任务之间建立清晰的关联。先行组织者策略分类如图 1-58 所示。

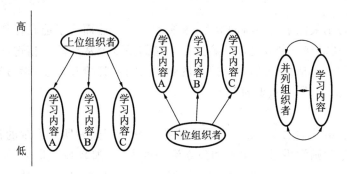

图 1-58　先行组织者策略分类

第一步,确定先行组织者的类型:上位组织者、下位组织者及并列组织者。

第二步,根据先行组织者的类型设计教学内容的组织策略。

- 上位组织者:渐近分化策略。
- 下位组织者:逐级归纳策略。
- 并列组织者:整合协调策略。

(2)"生成性目标——问题中心"网络课程中的教学策略。

①抛锚策略 。

在抛锚策略中"锚"指的是包含某种问题、任务的真实情境。抛锚策略的主要目的是使学生在一个真实、完整的问题情境中,通过学生的主动学习、教师的嵌入式教学,以及学习小组成员之间的交流与合作,让学生亲身体验到从识别目标到提出并达到目标的全过程。抛锚策略试图创设有趣、真实的情境以激励学生对知识进行积极建构。

②教练策略。

当学生在学习过程中遇到困难、需要帮助时,系统通过诊断,给与适当的指导、建议、暗示和反馈。它包括给学生指明方向,提示大略步骤,提供附加的任务、问题或有疑问的环境。

③建模策略。

建模策略是指在问题解决的过程中,通过对同类问题多个实例的研究,总结出解决某一类问题的固有程序和步骤,从而形成一类问题解决的模型。其分为两类:显性的行为建模和隐性的认知过程建模。

④随机进入策略。

学生可以随意通过不同途径、不同方式进入同样教学内容的学习,从而获得对同一事物或同一问题多方面的认识,这就是所谓的随机进入教学。

(3)"表现性目标——活动中心"网络课程中的教学策略。

①认知学徒策略。

学徒策略是通过允许学生获取、开发和利用真实领域中的活动工具来支持学生在某一领域中的学习。学徒策略为学生提供了大量的实践机会,把工作作为学习的内驱力。

学习不是为了一步步接近一个象征性的目标,而是为了出色地完成工作,从而实现学习的直接价值。它主要有以下 4 个要素。

• 内容。

学校通常特别关注某门学科的概念、事实和程序。然而为了能在任何场景中都能有效地学习,学生还需要三种其他的内容类型。它们是专家从经验中精选出的问题解决策略;认知管理策略,包括目标的设定、策略的制定、监控、评价和修正;学习策略,包括新领域的探索、温故知新、原有知识的重组。

• 方法。

教学方法应给予学生在一定的背景中进行观察、参与、发明或发现的机会。为此,该模式包括了大量激励学生进行探索和独立活动的方法,如教师的指导,即由教师提供线索、反馈和暗示,搭建脚手架,以支持学生学习如何执行任务。然后,教师淡出,即逐渐将其对学习的控制权移交给学生。

• 序列。

学习是分阶段进行的,学生需不断建构专家在实际操作中所必需的多项技能并发现技能应用的条件。这需要一种逐渐复杂、不断变化情境的序列,同时对学习进行分级,以便让学生在注意局部之前将整体概念化。

• 社会性。

学习环境应该再现所学知识的真实世界的特征,即技术的、社会的、时间的和动机方面的特征。然而,只有在一定背景中遇到学科的相关知识,大部分学生才能学会怎样将这些知识运用到其他情境。

在美国的一些中学学科或项目中,已经引进了认知学徒策略的活动设计。例如,有一所中学确立了一项制造和驾驶太阳能汽车的科学项目。这个项目持续时间为九个多月,既是学校的一项科学项目,又是真实世界的一项现实任务。这个项目的完成过程包括了认知学徒策略的全部要素。该项目要求学生获得许多跨学科(物理、数学、太阳能工程学、水力学、电子学、草图设计、模型制作、金属加工和焊接)的技能和知识。同时,学生还需要一些处理社会事务的能力(争取赞助、管理所获得的基金、跟报界打交道,以及相应的公关技能)。而且,学生在项目实施过程中还需要有领导、管理和人际交往方面的能力,以便合理地分配工作,保证项目的正常进行。

②反思策略。

反思策略是学生自我反省其学习过程的策略。反思策略往往并不单独使用,而是和其他策略一起使用的,作为其他策略的一个部分。反思策略通常包括以下内容。

• 要求学生反思自己的学习过程。

• 反思自己之前的假设。

• 反思自己使用的学习策略。

• 解释为何对一个行为作出这样的反应和选择这样的工具。

• 确定自己想做的反应。

• 确定自己做一个反应时有多大的把握。

• 与学习伙伴进行讨论。

• 报告自己的思维模式。

反思策略也可用于网络课程,帮助引导学生反思自己的学习过程,以促进下一阶段的学习。此外,Blog 是反思策略中的一个应用,学生通过发布日志对自己乃至整个小组的学习进行反思。

3)支架式教学策略、抛锚式教学策略、先行组织者教学策略三种教学策略的异同点

不同点有如下 4 个方面。

①支架式教学策略是指围绕事先确定的学习主题,建立一个概念框架,而没有确定教学内容和教学进程;抛锚式教学策略要求学习过程建立在有感染力的真实事件或真实问题的基础上,即有确定的教学内容和教学进程;先行组织者教学策略是先于学习任务本身呈现的一种引导性材料,它比原学习任务本身有更高的抽象、概括和包容水平,并且能清晰地与认知结构中原有的观念和新的学习任务关联。

②支架式教学策略强调,不断在学生最需要的时候提供适当的支架,其主要呈现的是学习内容的"框架",注重教师在学习过程中一步步引导;而抛锚式教学的核心是设置"锚",主要的目标就是能够使学生注意到问题情境中的关键特征,当学生明白自己面临的问题并了解如何下手解决问题后,教师就放手让学生进行自主学习;先行组织者教学策略在呈现教学材料时,它呈现在一个更为抽象的层面上,由于该技巧需要明确的进入点,所以一般用于线性呈现(如传统的课堂教育),而在非线性探究式学习情景里(如自由游戏模式)并不奏效。

③支架式教学策略要事先把复杂的学习任务加以分解,以便把学生的理解逐步引向深入的自主性学习策略的设计方法中;抛锚式教学策略展现了未来学生在"宏情境"创设的"锚"的支持下,在学习共同体中进行合作学习的过程;先行组织者教学策略原则上是在以导入开始并以线性顺序呈现信息的学习情境中使用。

④对支架式教学策略的教学效果评价是按照传统的方式进行测验和考查;而对抛锚式教学策略的教学效果的评价往往不需要进行独立于教学过程的专门测验,只需在学习过程中随时观察并记录学生的表现即可(此处缺少对"先行组织者教学策略"的教学效果分析)。

相同点有如下 4 个方面。

①最初都是由教师引导,最终目标都是为了实现学生的自主探索。

②都强调了在学习过程中要充分发挥学生的主动性,要能体现出学生的首创精神。

③让学生有多种机会在不同的情境下去应用他们所学的知识。

④让学生能根据自身行动的反馈信息来增加对客观事物的认识和提高解决实际问题的能力(实现自我反馈)。

总结:这三种教学策略的运用不是孤立的,有时根据教学的需要可以综合地加以运用。如利用抛锚式教学策略为学生的学习创设了一定的学习情境,在解决问题的过程中学生需要一定的帮助与支持,这就需要用到支架式教学策略,而先行组织者教学策略在学生学习较陌生的新知识和缺乏必要的背景知识准备时,对学生的学习可以起到明显的促进作用,有助于学生理解不熟悉的教材内容。

5.实验步骤

(1)课程标准。

①掌握信息的含义。

②理解识记信息的五个特征。

(2)本节课的教学内容分析。

本节课是新纲要云南省实验教材《信息技术》七年级第九册,第一单元"走进信息世界"中第一课"信息与信息的数字化"的第一小节"认识信息"。七年级学生对信息技术的学习将由此开始,由于第一印象很重要,所以教师得想方设法讲好这一课,给学生呈现一节他们从没见过的但绝对喜欢的信息技术课。通过本节课的教学,要让学生认识信息,理解信息的含义,并能在领悟"信息是指以声音、食物、图像、气味等方式所表示的实际内容"之后,能对信息与表达信息的方式(即信息的载体)这一易混点进行区分,以分辨出生活中一些常见的事物是否为信息。通过进一步的学习,学生还要知道信息的五个特征(分别是载体依附性、共享性、个体差异性、时效性和真伪性)。

(3)本节课的教学目标。

①知识与技能。

• 学生能够列举学习与生活中的各种信息,来感受信息的丰富多彩性。

• 能够举例说明信息的一般特征。

• 培养学生分析问题、解决问题的能力。

②过程与方法。

培养学生在日常生活、学习中发现或归纳出新知识的能力。

③情感态度与价值观。

让学生理解信息技术对日常生活和学习的重要作用,来激发对信息技术强烈的求知欲,养成积极主动地学习和使用信息技术、参与信息活动的兴趣。

(4)学生特征分析。

七年级的学生对于信息没有形成概念,对于信息技术这门学科也没有任何基础,这对他们来说是一门崭新的学科。同时作为七年级的学生,他们对此有很强的好奇心,同时具有比较好的发散思维且头脑灵活。在这个阶段,他们比较喜欢新鲜的事物,接受能力也比较强,想要去学习这样一门崭新的学科。而且他们贴近生活,对日常生活中常见的一些现象是有了解和思考的。按照人的成长认知规律,学生对知识的获取开始由感性认识提升到理性认识。

(5)教学重难点。

根据教学重难点即信息特征的认识,教师可以举具体、形象生动的例子进行讲解,如举实际生活中的例子,引导学生分类归纳。

(6)课前对学生的要求。

留心生活,对生活中的现象进行观察和思考。

(7)教学方法和学习方法。

该课程内容概念性强,实践性弱,属于信息技术课程中典型的一节理论课。所以教学方法以经典的讲授法为主,其他教学方法如讨论法等为辅,从而相互补充完成教学。讲授法以语言传递讲解为主,在教学过程中,教师可以结合例子具体分析讲解。但讲授法容易演变成为其最大的缺点,即整堂课成为教师的单向输入,进而演变成为传统的注入式教学。

学习方法以探究学习法为主,合作学习法等为辅。由于课程内容和时间安排等原因使得小组讨论活动不能很好地开展,所以整节课以教师教学为主导,不断向学生抛出问题来进一步引导和启发学生思考。在解决问题的同时实现了我们的学习目标。

(8)教学环节。

①导入新课。

观看生活中常见现象(看书、闻花、吃蛋糕、听音乐)的图片,在理解的基础上能够讲述图片上的内容,来引导学生对四大感官接触到的事物进行举例并概括,得到图像、气味、食物、声音四个大类。

抛锚式教学策略的运用:教师用贴近学生生活的例子创设了一定的情景进行课堂的导入,吸引学生的注意力和提高学习兴趣,激发学生的学习动机,引导学生思考并找出生活中类似的例子进行概括,从而引入新知识的学习。

• 教师向学生展示图片并引导观看分析,引导学生回答问题、举例归纳知识点。

• 学生观看图片,用心思考,回答问题。

• PPT 上呈现的图片是从学生熟知的事物出发,让他们产生亲切感,激发他们的学习兴趣。

②讲授新课。

从感官接触到事物的分类(图像、气味、食物、声音),从而归纳得出新知(信息的含义)。

讲授策略的运用:根据导入环节知识的学习,教师引导学生总结归纳知识点,从而得出信息的含义。

• 教师引导总结。

• 学生理解识记。

• 让学生从字面上理解信息的含义,以及与其载体的区别。

③巩固新知。

书是信息吗?

随机进入策略的运用:教师根据知识点"信息的含义",以学生周围的例子,提出"书是信息吗?"一问,引发学生思考问题、分析问题、找出答案,这一环节是对上一知识内容的巩固学习。

教练策略的运用:在学生思考问题的过程中,当学生犹豫时,教师可给其一定的指导、建议及暗示。

• 教师向学生抛出问题,引导学生思考回答问题。

• 学生思考、讨论并回答这一问题。

• 让学生巩固所学新知,并检测他们是否真正理解信息的含义。

④讲授新课。

学生通过有内在关联的五个例子(座右铭、萧伯纳的话、英语书、过年钱、短信息)的分析、思考,来学习、掌握新知"信息的五个特征"。

讲授策略的运用:教师举例讲解信息的五个特征。

• 教师把五个例子串起来进行列举讲解,引导学生思考回答问题。

建模策略的运用:教师联系五个例子进行讲解并归纳总结出如何分析某条信息所体现的特征。

教练策略的运用:在学生思考问题的过程中,当学生犹豫时,教师可给其一定的指导、建议及暗示。

认知学徒策略的运用:教师根据学习的新知识点,给出相应的例子,让学生进行分析思考和进行知识点的巩固学习。

• 学生跟着教师的思路,分析思考,回答问题,理解教师列举的例子,并识记各个特征。

• 通过 PPT 上呈现的各个例子来学习、理解、掌握新知。

先行组织者策略的运用:渐进分化策略,教师将本节课所涉及到的知识点逐级分化,内容逐渐具体、深入,在教学中以贴近学生生活的例子进行教学,激发学生的学习动机。这个策略有利于建构学生的知识框架。

⑤课堂总结。

回顾本节课所学内容(信息的含义及其五个特征)。

• 教师引导学生回忆复述。

先行组织者策略的运用:逐级归纳策略,教师在新知的讲解之后,引导学生归纳整理本节课的知识要点。

讲授策略的运用:教师引导学生回顾本节课的知识点。

• 学生回忆思考、复述内容。

• 总结回顾本节课所学内容。

⑥布置作业。

布置课后作业,分为达标作业(课本中的课后练习)和提升作业(教师自己设计的提升作业)。

• 教师要求全班都必须完成达标作业(以书面形式完成并上交),提升作业可选做。

• 学生记录作业,选择适合自己实际学习情况的作业。

反思策略的运用:学生课后反思个人的学习情况,如知识的理解和掌握度,选择适合提升自己能力的作业进行完成。

• 通过作业的形式巩固新知,并涉及个性化教学,学有余力的同学可做提升作业。

## 6.实验总结

教师应给予学生在一定的背景中进行观察、参与发明或发现的机会。为此,在本次课的教学设计中包含了大量激励学生进行探索和独立活动的方法,如由教师指导开始,即由教师提供线索根据反馈和暗示来搭建脚手架,以支持学生学习如何执行任务,然后教师逐渐将其对学习的控制权移交给学生,最后再通过作业和反思来发现问题,为下次课做准备。

本实验的重点在于对几个教学策略的理解,配合符合实际生活的实例来理解会比较容易。

**案例分析：**

本实验报告能够结合所选择的实例来分析不同类型的教学策略，并能总结出这些教学策略之间的异同点。本小组在实际教学中就如何使用各种教学策略的设计方案也分析得比较透彻和详尽，有自己的分析特色和见解，达到了实验目标。但是，在报告撰写上有所欠缺，如条理不够清晰，实验步骤的书写有待在层次化和结构化方面进行加强。

## 1.5.2　案例二

### 1. 实验目的

(1) 知道网络课程的不同结构模式及相对应的教学策略。

(2) 了解讲授策略、先行组织者策略、抛锚策略、教练策略、建模策略及随机进入策略的应用。

### 2. 实验内容

(1) 网络课程的结构模式。

(2) 讲授策略、先行组织者策略、抛锚策略、教练策略、建模策略、随机进入策略及其所包含的教学活动。

### 3. 实验仪器设备及环境

(1) 联网的微型计算机。

(2) Windows 7 及以上操作系统。

### 4. 实验原理

教学策略设计是教学效果的首要条件，在对学生学情分析后根据学生特点进行策略选择，进而开展教学内容的完整设计。网络课程的教学策略设计包括 3 种结构模式（见图 1-59），3 种模式下又共有 8 种教学策略（见图 1-60），以及依托于这些教学策略来对应的

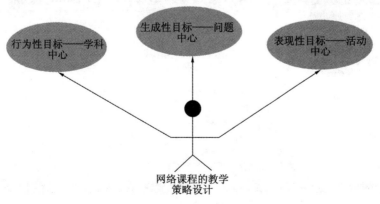

**图 1-59　网络课程的课程目标与结构模式**

教学活动。在小组讨论过程中,注意对模式与模式之间、不同模式的教学策略之间的共性和异性做深入探讨。

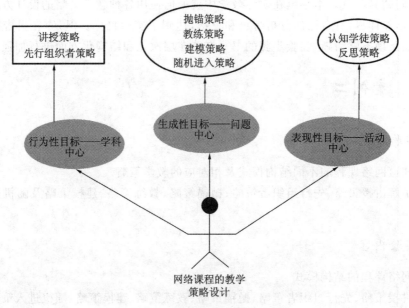

图 1-60　网络课程的 8 种教学策略

(1)讲授策略。

讲授策略主要是以教师讲授知识为主,引导学生完成任务。它的目标是通过教师对学生难以理解的教学内容进行分析和讲解,达到让学生理解、把握和应用知识的目的。

对讲授策略的应用,网络课程主要采用异步式讲授教学。学生根据自己的实际情况和需要,在任何时间、任何地点,以不同进度随时、方便的接受教师的讲解。

网络课程中实施讲授策略最常见的形式就是三分屏流媒体形式的网络课程,如图1-61所示。

图 1-61　三分屏流媒体形式的网络课程

我们选取的初中信息技术教材中,选取信息及其信息的特征仿照华夏大地教育网"生物化学"这门课程进行讲授策略的教学活动设计。

(2)先行组织者策略。

先行组织者策略(见图 1-62)是奥苏贝尔的有意义学习理论的一个重要组成部分。奥苏贝尔将学习分为四种不同类型:机械学习、有意义学习、接受学习和发现学习。而有意义的接受学习是他所主张的主要学习形式。他特别强调个体的认知结构对学习的重要影响,而先行组织者策略是改进认知结构和促进新知识保持的主要手段。

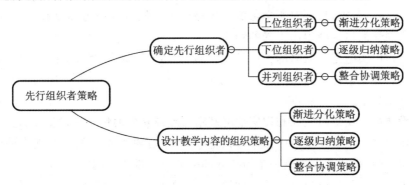

图 1-62　先行组织者策略

以上位组织者来分析,以"认识信息"这节课的教学设计为例,将先行组织者策略细化为以下步骤。

•概要设计。给出本节内容的概要,体现渐进分化策略的先行组织者,如图 1-63 所示。

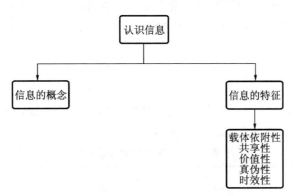

图 1-63　"认识信息"的课程内容概要

•激发动机。帮助学生形成学习动机。

•相关的实例。由于信息的概念内容较抽象、难懂,故进一步给出形象化的比喻、相关的实例或个案。

•呈现教学内容。按照顺序呈现一序列细化设计结果组织起来的教学内容。

•对比。运用对比来建立新旧知识之间的联系,促进学生的意义建构,帮助学生提高学习质量与效率。

•总结和综合。提供本节课的课后总结和综合。

（3）抛锚策略。

抛锚策略是建立在真实事件或问题之上的，确立这类真实事件或问题被形象地比喻为"抛锚"，因为一旦这类事件或问题被确定了，整个教学内容和教学进程也就被确定了（就像轮船被锚固定了一样）。抛锚式教学策略是基于建构主义学习理论的。建构主义强调学生要想完成对所学知识的意义建构，最好的办法就是到现实世界的真实环境中去感受、去体验，而不是在课堂上听教师介绍或者讲解这种经验。所以在进行意义建构的过程中抛锚式教学策略始终强调学生的主体地位，要求以学生为中心进行教学，通过学生主动搜集和分析材料、数据，从而对所学习的问题提出各种假设并努力加以验证，最后在教师的指导下和同学的讨论中得出正确的结论。

网络课程中实施抛锚策略的关键是"锚"的设计，它必须是隐含着问题和任务的某种类型的个案研究或情境，同时允许和支持学生对教学内容进行探索。抛锚策略的一般教学与学习活动如下。

• 创设情境。使学习能在和现实情况基本一致或相似的情境中发生。

• 确定问题。在上述情境中，选择与当前学习主题密切相关的真实性事件或问题作为学习的中心内容（让学生面临一个需要立即去解决的现实问题）。

• 自主学习。不是由教师直接告诉学生应当如何去解决面临的问题，而是由教师向学生提供解决该问题的相关线索（例如需要搜集哪一类资料、从何处获取有关的信息资料，以及现实中专家解决类似问题的探索过程等），并要特别注意发展学生的自主学习能力。自主学习能力包括：确定学习内容表的能力（学习内容表是指为给定与完成问题有关的学习任务所需要的知识点清单）；获取有关信息与资料的能力（知道从何处获取和如何去获取所需的信息与资料）；使用、评价有关信息与资料的能力。

• 合作学习。讨论、交流，通过不同观点的交锋、补充、修正，从而加深每个学生对当前问题的理解。

• 效果评价。由于抛锚式教学要求学生解决面临的现实问题，而学习过程就是解决问题的过程，即由该过程可以直接反映出学生的学习效果，因此对这种教学效果的评价往往不需要进行独立于教学过程的专门测验，只需在学习过程中随时观察并记录学生的表现即可（抛锚式教学策略教案，如表1-7所示）。

表1-7 抛锚式教学策略教案

信息技术课堂教学设计表

| 章节名称 | 超链接 | | | |
|---|---|---|---|---|
| 学科 | 信息技术 | 授课对象 | 七年级新生 | 授课时间 | 15 min |
| 设计者 | 小组成员 | 所属班级 | 教育技术学14D班 | |

依据标准

课程标准（只填写与本节课有关的课程标准内容）：
　(1)了解超链接；
　(2)知道超链接在文档中的应用；
　(3)建立超链接；
　(4)拓展对电子杂志的美化

本节课教学内容分析

本节(课)教学内容概述,知识点的划分和各知识点之间的逻辑关系。
本节课知识点大体划分为三个部分:
　(1)理解、判断超链接;
　(2)从 PPT 进入 Word 建立超链接;
　(3)将 Word 中的电子杂志目录页建立超链接

本节(课)教学目标

(1)知识与技能:
　①能复述什么是超链接,并举例说明;
　②理解超链接在文档中的应用;
　③建立超链接。
(2)过程与方法:
　通过创设情景,现场演示,任务驱动,培养学生自主学习的能力。
(3)情感态度与价值观:
　①通过技术优化我们的电子杂志,进一步说明信息技术在某一程度上带给我们的便利;
　②增加学生积极主动利用信息技术解决问题的意识

学生特征分析

　　重点填写学生在学习本节课时的心理状态、知识结构特点和学习准备情况,作为解决教学重点、难点,选择教学策略,设计课堂教学过程的依据。如果设计的教学活动是在信息化环境下进行的,还需要分析学生现在所具备的信息素养状况,以利于教学活动的顺利开展。
　　本节课内容是针对七年级的内容,且初一的学生已经具备一定的知识迁移和对接能力。该内容是在上节课文档合并得到的电子杂志上进行超链接的设置,从而进一步加强学生的综合操作和实践能力

知识点学习目标描述

| 编号 | 知识点 | 学习目标层次 | 具体描述语句 |
|---|---|---|---|
| 1 | 什么是超链接 | 认知 | 了解、理解 |
| 2 | 超链接在文档中的应用 | 认知 | 了解、理解 |
| 3 | 建立超链接 | 应用 | 学会 |
| 4 | 优化超链接 | 情感 | 培养审美能力和提高实际动手能力 |

教学重点和难点

| 项目 | 内容 | 解决措施 |
|---|---|---|
| 教学重点 | PPT 与文档的超链接建立目录页与相关页面的超链接 | 案例分析结合教师讲解 |
| 教学难点 | 建立目录页与相关页面的超链接 | 教师引导学生进行操作 |

课前对学生的要求

包括需要预习的内容,考虑的问题,调查、研究、收集的资料等。
带着自己上节课做好的电子杂志

续表

板书设计

| | | |
|---|---|---|
| | 主题:超链接 | |
| PPT——Word 目录简介——简介 | 知识点汇集: (1)概念; (2)从 PPT 进入 Word; （3）建立目录页超链接; (4)特点 | 判断小能手: (1)颜色变化; (2)鼠标变化(手掌,提示按 Ctrl)添加书签 | |

关于教学策略选择的阐述和教学环境设计

填写关于教学组织策略、教学传递策略(教学模式、教学方法、教学组织形式等)和教学管理策略的选择过程。

以任务驱动为主线,学生自主探究,教师引导辅助贯穿教学,运用了抛锚式教学策略。

□普通教室　□实验室　☑多媒体教室　□网络教室　□其他:多媒体教室(填写具体要求)

课堂教学过程结构设计

| 教学环节 | 教学内容 | 教师活动 | 学生活动 | 媒体使用及设计意图、依据 |
|---|---|---|---|---|
| 导入新课及告知目标 | 学校将在下周举办电子杂志作品比赛要求: (1)以家乡为主题; (2)作品中需要建立超链接; (3)用 PPT 来展示作品 | 分析比赛要求 | 思考 | 以比赛引起学生注意 |
| | | 教师说:上节课我们是不是学习了电子杂志的制作,会做了吗? 教师说:那么针对上面这个比赛的要求,完成这个作品有问题吗? 教师说:同学们的问题真是一针见血,我们只要把超链接的问题解决了,这个比赛是不是就离成功不远了? 教师说:这就是我们今天要讲的主题——超链接 | 学生回答:会做了。 学生回答:有问题,我们会做电子杂志,但什么是超链接? 学生回答:是 | 设置悬念。 引出主题——超链接 |
| 案例分析及示范讲解 | 请同学展示教师的作品 | 教师说:刚才同学们问什么是超链接? 下面请一位同学上来给大家变魔术(以闪亮爸爸最近拍摄的我的家乡——泸西的作品为例) | 观看操作,观察发生的变化 | 通过变魔术调动学生的兴趣 |

| | | | | |
|---|---|---|---|---|
| 案例分析及示范讲解 | PPT 呈现超链接的概念 | 教师说:在刚才的操作中,同学们观察到了什么?<br>教师说:同学观察得很认真,看黑板上,从 PPT —— Word,从目录简介 —— 简介这个过程就是超链接 | 学生回答:点击文档进入了电子杂志。<br>点击简介跳到了简介页面 | 让学生感受超链接的应用 |
| | | 教师说:PPT 和目录简介称为当前目标,Word 和简介就是链接目标,通过链接路径实现当前目标到链接目标的____,就是超链接 | 思考横线上需要填写的词语。<br>学生回答:跳转 | 通过演示来引导学生理解超链接的概念 |
| | 从 PPT 进入 Word | 教师说:我们理解了超链接的概念,那么下一步是不是得去想如何建立超链接才能实现跳转?<br>教师演示后巡视。<br>教师说:同学们都完成得比较好,同学们试试通过刚才设置好的超链接,点击它会发生什么变化?<br>教师说:作品中要求我们用 PPT 来进行作品展示,同学们明白了该怎么做了吗?<br>教师说:这是我们今天学习的第二个知识点——从 PPT 进入 Word | 学生回答:是。<br>学生观看后实践。<br>学生回答:进入电子杂志。<br>学生回答:明白了 | |
| 模仿操作与问题提示 | 建立目录页超链接 | 教师说:同学们按照刚才建立超链接的方法给目录页建立超链接。<br>教师巡视,观察学生的操作 | 学生操作 | 让学生直接亲身体验,在完成任务的过程中发现问题 |
| | | 教师请一位同学上台操作,其他学生观察他的操作步骤。遇到阻碍,找不到简介。<br>教师说:同学们是不是遇到了和这位同学同样的问题,找不到简介在哪里?<br>这里涉及一个重要的内容——位置问题。<br>刚才我们链接的 PPT 和 Word 是不是两个独立的文 | 学生回答:是 | 引导学生进行目录页超链接设置,培养学生的探究能力 |

续表

| 模仿操作与问题提示 | 建立目录页超链接 | 件,所以在打开超链接对话框的时候我们能直接找到,但现在目录页简介和简介的页面是什么?是不是在同一个文档中,所以我们要在本文档中的位置进行查找。<br><br>哎,本文档中的位置里也没找到,奇怪了,是这个Word软件有问题吗?肯定不是,让我们来一起揭秘吧。<br><br>我们先给简介添加书签,同学们仔细看我的操作。<br><br>同学们先把简介添加书签,然后在进行目录页的超链接设置,有问题的举手。<br><br>教师巡视指导 | 学生观看,进行操作 | |
|---|---|---|---|---|
| | | 总结建立目录页的方法 | 学生认真听 | 巩固记忆 |
| 对比总结 | 判断小能手:判断超链接 | 刚才同学们测试了自己设置的超链接,现在同学们将设置了超链接的和没设置超链接的进行对比,引导学生观察,并记录学生答案 | 学生观察变化,记录 | 引导学生归纳出超链接的特点 |
| 评价总结 | 随机抽取同学们的作品进行展示 | 教师总结、评价 | 学生接受并借鉴 | 给予学生鼓励和肯定 |
| 创新提示 | 要求学生将电子杂志中的图片链接音乐和视频 | 教师总结、评比、管理 | 拓展学习,自主完成作品 | 培养学生自主学习的能力和个人独特的审美观 |

(4)教练策略。

教练策略是当学生在学习的过程中遇到困难,需要帮助时,系统通过诊断,给予适当的指导、建议、暗示和反馈。它包括了给学生指明方向,提示步骤,提供附加的任务、问题或有疑问的环境,可以帮助学生最大限度的应用自己的认知资源和知识,从而做出适当的决策。

实践中通过监控学习决策过程来掌握学生的情况,从而实现教练策略。它通常包括以下教与学的活动。

• 激发动机。在整个学习过程中,应在恰当的时期不断地给予有动机激励。

• 监控学习。教师在学生的学习过程中,应确认学生行为的有效性和正确性,以确定学生是否需要指导。

• 指导、建议、暗示和反馈。通过监控,在学生需要的时候,给以适当的指导、建议、暗示和反馈。如提醒学生考虑相关案例和特定信息资源以帮助学生理解问题;提醒执行任务中被忽略的部分。

• 重组模型解决问题。初学者的建模一般是不完善的,经常错误地理解了某些成分的属性和它们之间的关系,从而在问题解决过程中造成一定的偏颇。当学生发现自己的模型无法很好地解释其所在的环境时,就会不断地调整模型直到能正确解释其所在的环境为止。

(5)建模策略。

建模策略是指在解决问题的过程中,通过对同类问题多个实例的研究,总结出解决某一类问题的固定程序和步骤,从而形成一个解决问题的模型。一般有两种类型的建模策略:显性的行为建模和隐形的认知过程建模。

建模策略是针对专家进行问题解决的过程展开的,它通过模型化专家解决问题的过程,让学生建立自己的模型。建模策略通常包括如下教与学的活动。

• 实例研究。对解决系统提供的相关实例进行细致的分析和归纳,总结出解决该类问题的程序和步骤。

• 阐明原因。阐明问题解决过程中进行每一步骤的原因。

• 模型化。将总结出来的步骤用于解决实际的问题,并进一步将解决问题的步骤模型化。

(6)随机进入策略。

随机进入策略就是学生可以随意通过不同途径、不同方式进入同样教学内容的学习中,从而获得对同一事物或同一问题多方面的认识。随机进入教学主要包括以下几个环节。

• 呈现基本情境。教师向学生呈现与当前学习主题的基本内容相关的情境。

• 随机进入学习。这一步取决于学生随机进入学习所选择的内容,从而呈现与当前学习主题相关联且不同侧面特性的情境。在此过程中教师应注意发展学生的自主学习能力,使学生逐步学会自己学习。

• 思维发展训练。由于随机进入学习的内容通常比较复杂,所研究的问题往往涉及许多方面,因此,在这类学习中,教师还应特别注意发展学生的思维能力。其方法包括:教师与学生之间的交互应在"元认知"范围内进行,即教师向学生提出的问题,应有利于促进学生认知能力的发展而非纯知识性的提问;要注意建立学生的思维模型,即要了解学生思维的特点,教师可通过这样一些问题来建立学生的思维模型,如"你的意思是指""你怎么知道这是正确的""这是为什么",等等;注意培养学生的发散性思维,可通过提出问题来达到,如"还有没有其他的含义""请对 A 与 B 作出比较""请评价一下",等等。

• 小组合作学习。学生围绕呈现不同侧面的情境所获得的认识展开小组讨论。在讨论中,每个学生的观点在和其他学生以及教师一起建立的社会协商环境中受到考察、评论,同时每个学生也对别人的观点、看法进行思考并作出评论。

• 学习效果评价。评价包括自我评价与小组评价,其内容与支架式教学中的评价内容相同。

5.实验步骤

网络课程的实验步骤及分工如图 1-64 所示。

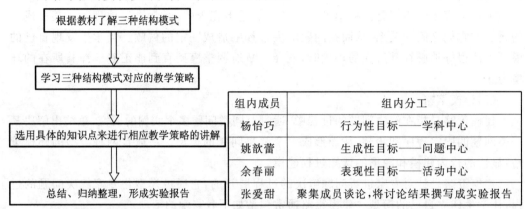

| 组内成员 | 组内分工 |
|---|---|
| 杨怡巧 | 行为性目标——学科中心 |
| 姚歆蕾 | 生成性目标——问题中心 |
| 余春丽 | 表现性目标——活动中心 |
| 张爱甜 | 聚集成员谈论,将讨论结果撰写成实验报告 |

(a)实验步骤                                      (b)分工

图 1-64　网络课程的实验步骤及分工

6.实验总结

本实验通过对教学策略的学习,选取新纲要中云南省实验教材信息技术中的知识点来撰写教案。小组成员选择"超链接"内容,利用抛锚式教学策略,合力完成"超链接"教案,但课程录制还没实施,也就是说还没有实际应用到网络课程中。

本实验的欠缺是没有将每一个教学策略对应的教案部写出来,只写了抛锚式教学策略。在写出教案的基础上没有进行课程的录制,希望在后续的过程中开发出网络课程。

案例分析:

本实验报告对各种教学策略有一定的理解和认识,并能以抛锚式教学策略为理论基础写出对应的教学案例,实现了理论与实践相结合的实验目的。但是,如报告中所总结的,本实验未能将其他教学策略加以对应的实例并分析,故而不能展现不同教学策略的异同点,这个欠缺会对以后的教学设计造成一些困扰。

# 1.6　实验六　网络课程教学活动设计实验

2017 年 10 月 30 日,教育部正式印发了《中小学综合实践活动课程指导纲要》,同时发布在教育部网站上。《中小学综合实践活动课程指导纲要》中着重指出:综合实践活动是从学生的真实生活和发展需要出发,从生活情境中发现问题,转化为活动主题,通过探究、服务、制作、体验等方式,培养学生综合素质的跨学科实践性课程。综合实践活动是国家义务教育和普通高中课程方案规定的必修课程,与学科课程并列设置,是基础教育课程体系的重要组成部分。该课程由地方统筹管理和指导,具体内容以学校开发为主,在小学一年级至高中三年级全面实施。

为了顺应这样的教学改革,培养中小学学生综合运用各学科知识,认识、分析和解决现实问题的能力,实验六要求参与该实验的学生就某个主题设计一个综合实践活动的教案,在网络学习平台发布,然后让参与活动的学生在线自主学习或者是在混合式教学中使用。

# 1.6.1　案例一

**1.实验目的**

(1)掌握网络课程活动设计的要素。

(2)掌握典型的教学活动形式。

(3)了解网络课程中教学活动的分类。

(4)了解网络课程教学活动设计中网络教师的作用。

**2.实验内容**

(1)网络课程教学活动设计原则。

(2)教学活动设计要素:活动目标、活动对象、活动内容、活动策略、活动过程、学习评价、活动反思。

(3)典型的教学活动形式:传授型、探究型、自主型、合作型、反思型。

(4)网络课程中教学活动的类型:网上学习指导、课程引导短片、讨论类教学活动、答疑类教学活动。

**3.实验仪器设备及环境**

(1)联网的微型计算机。

(2)Windows 7 及以上版本操作系统。

**4.实验原理**

网络课程一般由网络课件和教学活动两个部分组成。网络课件是基于网络环境开发和运行的课件,是网络课程中为实现一个或多个教学目标,按照一定的教学策略组织起来的,结构相对稳定的教学内容和学习资源。教学活动则是指课程实施过程中教师与学生之间,以及学生与学生之间进行的答疑、讨论、评价等交互性活动。

网络课程中的教学活动可以归纳为学生与教材互动、教师与学生互动、学生与学生互动三大类。

• 学生与教材互动,主要用于学生自学网络教材上,通过线上教材的层次结构、图文的超链接及各种网络资源来维系学生不断学习的动机,进而让学生主动地控制学习进度并且能够追踪和及时记录自己学习的历程。

• 教师与学生互动,包括线上教师与学生的讲述聆听、提问回答、离线时的帖文讨论、作业提交评阅、辅导邮箱中的师生问答、教师面授辅导的实体互动等,这种师生互动的特点大多是教师担当引导、组织、反馈的角色。在这类活动中,教师必须同时扮演着教学的实施者、组织者和有力促进者的角色。这就要求他们要具备多种技能,如基于心理学的激励学习兴趣和学习动机的能力,基于媒体技术的课程设计与开发能力,基于教育学知识来指导学生围绕教学内容进行有效交互,组织论坛、答疑与评价的能力等。

• 学生与学生互动,强调社会学习及合作学习理论,重视学生彼此间的多线互动、切磋,其教学活动多以分组讨论、项目合作、作业互评等形式呈现。

按照学习开展的进程来看,网络课程的教学活动主要又可以分为三大类:学习发生前的导学活动、学习进行过程中的辅导活动、学习结束后的评价活动。

### 5. 实验步骤

(1)课程目标的设定。

(2)课程对象的分析。

(3)课程内容的设计。

(4)实现活动的设置。

实验六的教学活动设计方案一如下。

(1)活动目标。

让学生了解太阳系和其中的八大行星。

(2)活动对象。

小学六年级下学期的学生,此阶段的学生处于小升初衔接状态,好奇心强,充满竞争意识。

(3)活动内容。

让学生扮演各个星球上的居民(假设其余星球可以住人),他们将向其他同学介绍自己的星球。

(4)活动策略。

让学生分组自主学习,整理出相应知识点,并向其余同学介绍,期间采用角色扮演的模式激发学生的兴趣。

(5)活动过程。

课前:教师在网上上传一些有关太阳系的相关知识,让同学们自主预习,并让同学们按兴趣分组。

课程中:学生组内讨论并选用恰当的方式将自己整理出的知识点表达出来(用图画、文字、视频等形式),并将作品传到教学平台。

(6)学习评价。

学生对各个组的作品进行观看,学习并评价。教师对各个小组中出现的问题进行提示和修改。

(7)活动反思。

学生可以在讨论区发表自己对这次活动的想法。

### 6. 实验总结

(1)学生必须要有一定的自觉性,课前提供的资料可以丰富一些。

（2）关键环节：学生讨论并总结知识点。

（3）改进措施：可在相关平台进行视频讨论，教师能及时观察到学生的状态并给予帮助。

**案例分析：**

本实验报告中的教学活动设计比较有新意，适合通过网络学习平台发布的在线自主学习应用模式。对学生的知识基础和认知特点有清晰的认识，教学组织方式和教学策略使用得当，能够通过角色扮演的模式来激发学生的学习热情和学习兴趣，同时又能以分组合作的方式加强学生之间的协作意识，这些都较好地体现出了网络教学的特色。但是，学生在活动的内容和活动的评价上过于简单，分析得不够详尽，有待进一步细化和完善。

# 1.6.2　案例二

## 1. 实验目的

（1）掌握网络课程活动设计的要素。

（2）掌握典型的教学活动形式。

（3）了解网络课程中教学活动的分类。

（4）了解网络课程教学活动设计中网络教师的作用。

## 2. 实验内容

（1）网络课程教学活动设计原则。

（2）教学活动设计要素：活动目标、活动对象、活动内容、活动策略、活动过程、学习评价、活动反思。

（3）典型的教学活动形式：传授型、探究型、自主型、合作型、反思型。

（4）网络课程中教学活动的类型：网上学习指导、课程引导短片、讨论类教学活动、答疑类教学活动。

## 3. 实验仪器设备及环境

（1）联网的微型计算机。

（2）Windows 7 及以上版本操作系统。

## 4. 实验原理

网络课程一般由网络课件和教学活动两个部分组成。网络课程是基于网络环境开发和运行的课件，是网络课程中为实现一个或多个教学目标，按照一定的教学策略组织起来的，结构相对稳定的教学内容和学习资源。教学活动则是指课程实施过程中教师与学生之间，以及学生与学生之间进行的答疑、讨论、评价等交互性活动。

网络课程中的教学活动可以归纳为学生与教材互动、教师与学生互动、学生与学生互动三大类。

• 学生与教材互动,主要用于学生自学网络教材上,通过线上教材的层次结构、图文的超链接及各种网络资源来维系学生不断学习的动机,进而让学生主动地控制学习进度并且能够追踪和及时记录自己学习的历程。

• 教师与学生互动,包括线上教师与学生的讲述聆听、提问回答、离线时的贴文讨论、作业提交评阅、辅导邮箱中的师生问答、教师面授辅导的实体互动等,这种师生互动的特点大多是教师担当引导、组织、反馈的角色。在这类活动中,教师必须同时扮演着教学的实施者、组织者和有力促进者的角色。这就要求他们要具备多种技能,如基于心理学的激励学习兴趣和学习动机的能力,基于媒体技术的课程设计与开发能力,基于教育学知识来指导学生围绕教学内容进行有效互动,组织论坛、答疑与评价的能力等。

• 学生与学生互动,强调社会学习及合作学习理论,重视学生彼此间的多线互动、切磋,其教学活动多以分组讨论、项目合作、作业互评等形式呈现。

按照学习开展的进程来看,网络课程的教学活动主要又可以分为三大类:学习发生前的导学活动、学习进行过程中的辅导活动、学习结束后的评价活动。

5. 实验步骤

(1)查阅资料了解网络课程学习活动设计原则。

(2)了解综合实践教学活动的设计要素:活动目标、活动对象、活动内容、活动策略、活动过程、学习评价、活动反思。

(3)分析所设计教学活动的教学活动形式:传授型、探究型、自主型、合作型、反思型。

(4)分析网络课程中教学活动类型:网上学习指导,课程引导短片,讨论探究类教学活动,答疑类教学活动。

注意事项。

(1)明确实验的目标及内容,明确实验所要解决的问题是什么。

(2)在实验过程中,学生会遇到一些流程、模式、模块等方面的问题,应尽量在理解的基础上分析、绘制思维导图并加以说明。

(3)实验过程中,一些重要的内容应该用相关的图片加以说明。如果有需要,采用文字、表格、流程图等做辅助说明。

(4)实验中应当注明所用的参考文献,以方便后面的查阅工作。

实验六的教学活动设计方案二如下。

(1)基本说明。

①学科:科学。

②年级:小学一年级。

③具体内容:第二册第三单元"饮食的科学"。

④类型:主题活动教学设计。

⑤学时:2(课时)。

(2)活动设计分析。

①教材分析。

"一天的食物"是食物单元的初始课,本节课通过对一天的食物的研究使学生感受到人类饮食的多样性。学生通过用卡片记录一天的食物,整理并将这些卡片分类的活动来实现本节课的教学目标,并在以后的学习和研究中进一步使用这些卡片。因此制作一天的食物的卡片在单元学习中起着重要的作用。

②学情分析。

食物对学生来说是一个很有趣的话题,最爱吃什么、最讨厌吃什么,谈起来会滔滔不绝。然而究竟吃什么才健康? 这是学生所困惑的问题。对这一问题则用卡片来记录、研究,最终得出人们对食物的一般认识,同时使学生感受到研究的快乐。

③教学目标。

知识与技能:知道我们一天要吃很多种食物,食物可以分成不同的类别。

过程与方法:通过制作食物名称记录卡片,拼摆食物记录卡片,对食物进行数量的统计和类别的划分。

情感态度与价值观:开始有意识地关注所吃的食物。

④教学重点、难点。

重点:有意识地关注所吃的食物,食物可以分成不同的类别。

难点:通过记录一天的食物,发现问题和规律,会给食物分类。

⑤活动准备。

记录食物的卡片(每人 20 张)、食物分类记录单(每组 1 份)。

(3)教学过程。

①活动前准备。

发放一天的食物家庭调查表(见表 1-8),让学生在家里做好记录(学生记录的过程不单是为上课准备资料,其实也是一个学习的过程:让学生在家里学习,实现了学习空间的开放;让学生的学习从课上延伸到课前,实现了学习时间的开放;让学生向家长学习,实现了学习方式的转变。由此可见,学生记录的过程实际上是一个开放的科学学习的过程)。

**表 1-8　一天的食物家庭调查表**

| 一天所摄入的食物记录 | |
| --- | --- |
| 早餐 | |
| 午餐 | |
| 晚餐 | |
| 其他 | |

| 食物加工所需要的材料清单 | |
| --- | --- |
| 食物名称 | 加工所需要的材料 |
| 例如:馒头 | 面粉、食用碱、水 |
| | |
| | |
| | |
| | |

②导入。

同学们,这节课我们研究食物。关于食物你了解些什么?(学生的科学学习是在其已有的知识、经验基础上的学习,学生已有的知识水平是我们教学的起点,这一问题正是为了了解学生对食物这一概念的理解,从而更好地找准教学的切入点。在此教师要引导学生对食品与食物这两个概念加以区别,以防止在书写卡片时将两者混淆。)

你最爱吃什么食物?

你最讨厌吃什么食物?

提出研究的问题:我们究竟吃什么食物才健康?让我们通过这节课的研究来寻找答案吧(最爱吃的食物与最讨厌吃的食物是学生很感兴趣的话题。在这一话题的讨论中,学生会发现同一种食物有的同学爱吃,有的同学讨厌吃。那么我们究竟应该吃什么食物呢?这正是我们这节课要研究的问题)。

③讨论研究方法。

交流研究方法。你觉得应该怎样开始我们的研究?

启发学生在科学研究中应注意选取样本。我们就以昨天所摄入的食物为样本来进行研究(研究方法的确定是科学研究的重要组成部分,通过本环节的活动旨在使学生了解选取科学研究的方法与研究内容的关系,并初步学习选取的研究方法)。

④记录与统计。

我们的研究其实从昨天已经开始,拿出昨天填写的"一天所摄入的食物记录",并且了解这些食物是由哪些材料(食材)加工而成,同时和同学互相交流(这一交流活动是对家庭学习的验收,也是为下一步填写卡片做好了准备)。

下面我们就把昨天吃的食物记录在卡片上。投影出示以下提示语来指导填写卡片。

记录方法:

一张卡片只记录一种食物名称;

重复的食物要分多次分别记录;

多种食物组成的食品要用多张卡片记录食物名称。

学生根据记录表填写卡片。

初步统计。

思考:数一数共用了几张卡片?这说明了什么?把重复的食物卡片钉在一起,重复最多的是哪些食物?这又说明了什么?

⑤整理与研究。

• 小组内将重复的卡片钉在一起。

• 把卡片平摆在桌子上。这么多食物我们怎么研究呢?教师启发学生给食物分类。

• 如何分类呢?讨论确定分类的方法,如可以生食的食物与熟食的食物、主食与辅食、动物类与植物类食物(学生对物体分类并不陌生,但由于其生活经验所限,活动中可能出现有些食物分类不清的情况。为此,组织全班同学首先将食物分成动物类与植物类,分类中出现了诸如水、盐、食品填加剂等无法归属的问题。这时教师指导学生用"其他"来填写)。

• 用不同的分类方法将食物分类。

• 讨论、交流分类方法。组织学生进行讨论,达成共识(在活动中培养了学生的合作精神,同时也使学生对人类饮食的多样性有所认识)。

• 根据食物分类的情况,结合健康饮食金字塔(见图1-65),对比自己一天所摄入的食物,分析自己的饮食是否健康,存在哪些问题。

(4)总结与思考。

通过这节课的学习,参看健康饮食金字塔(见图1-65),你觉得人一天中应该吃哪些食物才算健康(通过本问题的讨论旨在使学生明白:人是杂食性生物。没有哪一种食物能包含人一天所需要的全部营养,从而纠正学生的偏食现象)。

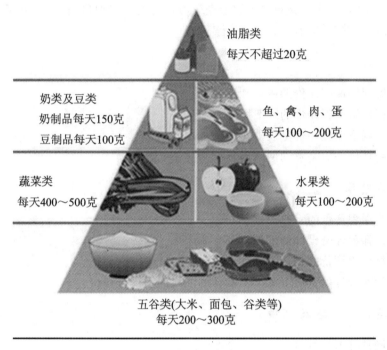

图1-65 健康饮食金字塔

## 6.实验总结

饮食是我们每个人天天都要做的事情,小学生也是如此,因此本节课的学习应该建立在学生对食物已有的认识基础上。关于食物的学习也应该从学生的生活经验出发,让科学学习贴近儿童生活,通过科学学习来改变他们的生活方式,形成科学健康的生活习惯,从而提高其生活质量。基于此,教师在课前安排了家庭学习的环节,即让学生在家里记录一天所摄入的食物,并向家长了解这些食物的组成,真正使学生向生活学习,让家长成为学生的第一任老师。由于充分利用了家庭教育资源,因此课上对食物研究有了更加充足的时间。

通过实验,学生基本掌握了网络课程活动设计的要素,掌握了典型的教学活动形式,了解了网络课程中教学活动的分类和网络课程教学活动设计中网络教师的作用,会进行综合实践教学活动的设计。本次实验比较成功。

**案例分析：**

本报告的教学活动设计得比较详细，适合在混合式教学中使用。教学活动的内容贴近生活，步骤清晰，对教学对象有清晰的认识和分析，教学环节（课前—课中—课后）的安排有条不紊。这是一份较好的实验报告。

# 1.7 实验七 网络课程的评价方案设计实验

实验七的目标是完成对某门网络课程的学习评价，所以首先应明确评价的目的，即诊断、激励和评定学生，其次就是要了解遵循学习评价的一般原则有哪些，然后再根据评价流程来设计评价方案，最后实施评价方案。

## 1. 实验目的

(1)了解网络课程评价的概念和目的。
(2)掌握网络课程评价的一般原则。
(3)进行网络课程评价量表的设计。
(4)系统评价一门完整的网络课程。

## 2. 实验内容

(1)网络课程评价的一般原则。
(2)网络课程评价设计的维度以及影响因素。
(3)网络课程评价的量规设计。
(4)利用所设计的量表对某一门具体的网络课程进行评价。

## 3. 实验仪器设备及环境

(1)联网的微型计算机。
(2)Windows 7 及以上版本操作系统。

## 4. 实验原理

(1)网络课程评价的一般原则。
①网络课程评价的概念。网络课程的学习评价是指以学习目标为依据，运用一切有效的技术手段，对学习活动的过程和结果进行测定、衡量，并给予价值判断。
②网络课程学习评价的目的。
• 监控网络课程的学习。
• 调节学生学习行为，促进学生持续发展。
• 评定学生，全面总结教与学。
③网络课程学习评价的设计原则。
• 关注学习过程 。
融评价于课程，适时给予诊断、评估、反馈，使学习和评价一体化，更好地发挥学习评价对学习过程的监控和判断作用,真正关注学生的学习过程。

- 评价内容多元化。

评价不仅涉及学科知识的掌握,还要关注学生的能力(如自主学习能力、探索能力、信息收集能力、合作能力、问题解决能力等)、情感、态度等其他方面。

- 评价方式多样化。

网络课程学习评价的主体包括学生、教师、学习伙伴等。教师作为评价的主体之一,应该引导学生积极参与评价、组织有效评价、加强自我评价和小组互评。

- 评价手段网络化和人性化相结合。

网络课程的学习评价,应充分借助网络的优势,对学习过程进行跟踪,记录、存储各种评价信息。在实施过程中,通过教师及智能系统分析,给学生反馈和指导。

(2)网络课程评价设计的维度以及影响因素。

整个网络课程的评价指标体系可以分为 9 个一级指标,分别为课程、资源、活动设计、工具支持、课程管理、系统开放、安全稳定、界面、文化氛围。

每一个网络课程的评价都应该包含以上几个部分(标准),只不过在不同类型(用途)的课程中每一部分所发挥的作用不同,所占权重也有所不同。

网络课程评价设计的维度以及影响因素如表 1-9 所示。

表 1-9　网络课程评价设计的维度

| 一级维度 | 二级分解维度 | 三级细化维度 | 标准 |
|---|---|---|---|
| 课程 | 结构完整 | 课程内容完整(多种呈现方式) | 内容正确,无科学性、政治性错误,紧扣教学目标 |
| | | | 课程组织系统、科学、合理 |
| | | | 表述准确、深入浅出 |
| | | | 提示重难点 |
| | | | 无语法、拼写、链接错误 |
| | | | 图表、公式、文字协调,风格统一 |
| | | 课程结构完整(配套的作业、练习、考试系统) | 内容科学完整 |
| | | | 有配套的在线作业、练习、考试 |
| | | | 练习、考试有一定的难度和区分度 |
| | | | 分阶段、循序渐进 |
| | | | 以训练学生实际能力为主,记忆性材料为辅 |
| | | | 及时反馈、评判 |
| | 考虑到学生特点 | | |
| | 考虑到社会的需求 | | |

| 一级维度 | 二级分解维度 | 三级细化维度 | 标准 |
|---|---|---|---|
| 资源 | 数量 | 材料丰富,来源广泛 | 内容正确,无科学性、政治性错误,紧扣教学目标 |
| | 内容 | 教学学习辅助材料 | |
| | | 专业词典 | |
| | | 网络教学资源收集整理 | |
| | | 学生学习成果展示、评价 | |
| | | 相关软件下载 | |
| 活动设计 | 任务设置明确 | 任务目的明确 | 内容正确,无科学性、政治性错误,紧扣教学目标 |
| | | 任务指导材料详细 | |
| | | 任务完成日期明确 | |
| | | 协作活动分工明确 | |
| | 活动难度适当 | 综合性强 | 有一定的难度和区分度 |
| | | 80%的学生认为可以尽力完成 | |
| | 活动评价结果不唯一 | 任务有实际的成果提交 | 允许多样化评价 |
| | | 可以对任务成果存在争论 | |
| 工具支持 | 学习支持工具 | 记录学习进度 | 记录完整,反馈及时 |
| | | 学生交流 | |
| | | 用户手册完整 | |
| | | 在线提交作业和在线考试 | |
| | | 课程信息的站内搜索 | |
| | | 自动答疑和人工答疑 | |
| | | 情感表达工具 | |
| | | 材料评价工具 | 容易使用 |
| | | 电子笔记本 | |
| | | 个人进度安排工具 | |
| | 教学支持工具 | 学生作业、考试批阅记录 | 便于使用和管理 |
| | | 监督学生学习进度,查阅历史记录 | |
| | | 自动统计 | |
| | | 信息发布工具 | |

续表

| 一级维度 | 二级分解维度 | 三级细化维度 | 标准 |
|---|---|---|---|
| 课程管理 | 学员的身份认证 | | 后台认证管理严格 |
| | 课程内容管理 | 课程内容的添加 | 管理有效,能够及时更新 |
| | | 课程内容的删除 | |
| | | 课程内容的更改 | |
| | 讨论区管理 | 精华版的整理 | |
| | | 讨论区内容的删除 | |
| | 资源库管理 | 资源的清除 | |
| | | 资源的添加 | |
| 系统开放 | 系统资源开放 | 设置相关外部连接 | 能够实现有效的开放 |
| | 学员开放 | 符合条件均可注册进入 | |
| | | 学员平等互助 | |
| 安全稳定 | 速度 | | 具备良好的可维护性 |
| | 运行稳定 | | |
| | 及时提醒备份重要数据 | | |
| 界面 | 导航清晰,随机通达 | | 界面清楚、友好,无科学性、政治性错误 |
| | 美观协调 | | |
| | 没有文字输入错误 | | |
| | 图片动画能正常显示 | | |
| 文化氛围 | 形成一定的班级风格 | | 有一定特色,易于交流 |
| | 师生之间的情感交流空间 | | |
| | 娱乐空间 | | |

（3）网络课程评价的量规设计。

• 确定评价内容。

生成性目标导向以问题为中心的学习非常重视学生在问题解决过程中的收获。因此,学习评价的内容包括:学生在问题解决的各个环节中表现出来的各种能力和最终成果。如果技术条件允许,还可以利用网络技术对学生的综合能力进行测试,其中对能力的评价采用形成性评价,而对最终成果采用总结性评价。

• 确定评价信息来源及处理方法。

在网络课程中,生成性目标导向下的形成性评价信息由电子档案收录,并使用评价量表作为评价工具进行评价;总结性评价信息使用评价量表评判或者用实践考试来检验。

• 评价量表的使用。

评价量表是贯穿整个学习评价的重要工具,是一种利用文字说明的评价指标。与其他评价工具最大的不同为:明确列出了学习表现的每项评价标准,清晰地表述了每项标准的不同层次水平,并从高水平一端延续到低水平一端。

### 5.实验步骤

(1)确定评价内容,如表 1-10 所示。

表 1-10　评价内容

| 评价类型 | 步骤 | | | 评价内容 |
|---|---|---|---|---|
| 形成性评价 | 第一步 | 问题表征 | 界面问题 | 信息分析能力 |
| | | | 分析已知 | |
| | | | 列出未知 | |
| | 第二步 | 小组合作 | | 协助学习能力 |
| | 第三步 | 信息收集 | | 信息收集能力 |
| | 第四步 | 初列备选方案 | | 解决问题能力、信息分析能力 |
| | 第五步 | 结论表述 | | 决策能力、表达能力 |
| 总结性评价 | 第六步 | 最终成果 | | 作品的价值 |
| | 第七步 | 综合测试 | | 动手实践能力 |

(2)确定评价信息来源及处理方法:使用总结性评价方法对山西师范大学文学院"中国古代文学"的网络课程进行评价。

(3)评价量表的使用:利用所设计的评价量表对山西师范大学文学院"中国古代文学"的网络课程进行评价,如表 1-11 所示。

表 1-11　山西师范大学文学院"中国古代文学"的网络课程评价

| 评价项目 | 评价标准 | | | 得分 |
|---|---|---|---|---|
| | 优秀 | 合格 | 不合格 | |
| 单元作品集(5分) | 作品完整,且各项文件存放位置正确。依据课程标准制定学习目标,叙述完整且可操作,其学习目标设计的三类问题层次清楚,符合学生特征(4~5分) | 至少包括以下关键文档:单元计划、学生范例、教师助学材料、学生支持材料和评价量规。各项文件存放位置正确,所制定的学习目标与课程标准有联系。依据课程标准和学习目标设计的三类问题有层次区别(2~3分) | 作品集中缺少关键内容。问题与课程标准和学习目标没有明显联系。三类问题层次不清,或根本不存在联系(0~1分) | 5分 |

| 评价项目 | 评价标准 | | | 得分 |
|---|---|---|---|---|
| | 优秀 | 合格 | 不合格 | |
| 导航和翻页（5分） | 导航清晰无缝，学生能非常清晰地知道学习过程的各个块面及路径（4～5分） | 只有很少的几个地方会让学生迷失路径，找不到下一个网页在哪里（2～3分） | 完成课程学习的过程容易使人混淆，并且不符合人们的习惯。网页也不容易被找到，返回的路径不清晰（0～1分） | 5分 |
| 资源数量和质量（5分） | 资源和学生完成任务所需信息之间的联系清晰且有意义。每一个资源都有它的重要性，同时资源很好地体现了网络的及时性、多样性。多样化的资源可供学生深入思考（4～5分） | 资源和学生完成任务所需信息之间有一些联系。有一些资源长期没有更新，也有一些资源带来了通常在教室里面无法找到的信息（2～3分） | 提供资源不足，不够学生完成任务所需的，或者在一个合理的时间段内为学生提供了太多要看的资源，但资源十分平常，它们所包含的信息在教室和百科全书里都能找到（0～1分） | 4分 |
| 教学大纲（5分） | 条理清晰，目标明确（4～5分） | 条理较清晰，目标较明确（2～3分） | 条理不清晰，目标不明确（0～1分） | 4分 |
| 学习目标分析（5分） | ①目标与学习课题相关；②体现对学生综合能力尤其是创造性思维能力和解决问题能力的培养；③阐述清楚、具体（4～5分） | ①目标与学习课题相关；②体现对学生综合能力尤其是解决问题能力的培养；③阐述较清楚、具体（2～3分） | 目标空洞，和学习主题相关性不大，与阶段学习总目标不一致（0～1分） | 4分 |
| 考试大纲（10分） | 时间、地点、知识点明确（7～10分） | 时间、地点、知识点较明确（4～6分） | 时间、地点、知识点不明确（0～3分） | 8分 |
| 电子教案（20分） | 条理性强，结构合理，重点突出，对学生有启发性，调动了学生的积极性，且过渡自然（16～20分） | 有一定的合理性，结构基本合理，重点基本明确，对学生有一定的启发性，有时能调动学生的积极性，且过渡较自然（11～15分） | 没有条理性，结构不合理，重点不突出，对学生没有启发性，不能调动学生的积极性，过渡不自然（5～10分） | 15分 |

续表

| 评价项目 | 评价标准 | | | 得分 |
|---|---|---|---|---|
| | 优秀 | 合格 | 不合格 | |
| 互动平台<br>（15分） | 问题内容明确，提问方式利于学生理解和接受，提问时机恰当。对学生的回答作出确认和评价，并且分析评价准确，同时对学生作出适当的表扬、批评和鼓励（11~15分） | 问题内容基本明确，提问方式基本上能够让学生理解和接受，提问时机基本上恰当。对学生的回答作出确认和评价，并且分析评价基本准确（6~10分） | 问题内容不明确，提问方式不易于学生理解和接受，提问时机不恰当，没有对学生的回答作出确认和评价（0~5分） | 10分 |
| 教学录像<br>（10分） | 教态自然大方，体态语运用得当（7~10分） | 教态基本自然，能运用一定的体态语配合讲课的语言（4~6分） | 教态不自然，不能运用体态语配合讲课的语言（0~3分） | 9分 |
| 教学课件<br>（20分） | 语言规范、清楚，使用普通话讲课，语速适中，有一定的起伏（16~20分） | 语言基本规范、清楚，普通话基本标准，语速过快（慢）（11~15分） | 语言有时不规范、不清楚，不能使用普通话讲课，语速过快（慢）（5~10分） | 17分 |
| 总分<br>（100分） | | | | 81分 |

6. 实验总结

　　本次实验的内容是完成小组对所选的网络课程进行评价设计。首先，关注经典案例当中的网络课程评价，查找相应资料；其次，在对网络课程评价的原则、网络课程评价设计的维度和网络课程评价的量规设计有一定的了解的情况下，小组成员展开了积极的讨论，并对本学科的网络课程进行评价。此次实验的主要目的是对科学的网络课程进行评价设计，有利于不断完善网络课程的设计，从而引起学生的兴趣。

　　**案例分析：**

　　该实验报告思路清晰，步骤明确，评价方法运用得当。对本小组的网络课程评价设计既有扎实的理论作为依据，又有相互之间的积极交流来共同制定课程评价标准，从而较好地达成了本实验的目的。但在最后的实验总结上欠缺进一步的思考和分析，同时关于提炼关键环节和如何改进实验效果方面有待进一步加强。

# 1.8　实验八　网络课程开发的综合实例

　　实验八是对以上七个实验的全面整合，即系统地、完整地设计和开发一门网络课程

（包括教学内容设计、学习资源设计、教学策略设计、教学活动设计、学习评价设计），因此这是一个综合性实验，不仅要求学生具有较强的归纳总结能力，而且还要能够将理论、技术巧妙地融入具体的教学过程，是对学生在"网络课程开发"课程学习效果的最终检验。

## 1. 实验目的

(1)运用所学知识完成一门网络课程的教学设计。
(2)完成一门网络课程的学习资源、教学策略及教学活动的设计。
(3)能完整开发一门网络课程。

## 2. 实验内容

将前面实验内容进行综合设计，以小组协作方式共同完成一门具体网络课程的设计与开发任务，投入试用并进行简要的学习评价。

## 3. 实验仪器设备及环境

(1)联网的微型计算机。
(2)Windows 7 及以上版本操作系统。

## 4. 实验原理

(1)网络课程的基本构成和原理。

网络课程是在课程论、学习论、教学论指导下通过网络实施的以异步学习为主的课程，是为实现某学科领域的课程目标而设计的网络学习环境中教学内容和教学活动的总和。网络课程包括了教学内容、学习资源、教学策略、学习支持、学习评价和教学活动6个要素。这6个要素是根据要实现的课程目标来设计的。

网络课程的技术支持包括以下工具：

①虚拟教室工具。利用 Skype、WebEx 等虚拟教室工具进行参与者的在线互动，邀请专家在线讲座，或是由课程协调人定期组织在线研讨，以帮助学生解决学习上的困难。

②人际互动工具。Twitter 等网络工具可用于快速发布信息、发表意见、交换信息资源和其他参与者互动。

③课程中心网站。Wiki、Blog 和自建平台是组织课程中心网站的三种主要工具，前两种工具使用简单，功能基本能满足需要，最后一种工具功能强大，可根据课程需要定制课程讨论空间。

网络课程的设计原则有以下几点。

• 开放性、个性化、灵活性原则。建构主义认为学生对知识的了解和掌握不应只有一个固定的学习起点，所以设计网络课程时就要考虑到学生的个性化差异。多角度、多层次进行课程设计，为学生提供一个灵活的学习条件，使学生的学习具有个性化。

• 情境性、真实性原则。建构主义认为学生依据自身的经验对学习内容进行改造和重组，因此在设计网络课程时就要考虑到学生自身的经验，尽量为学生提供与学习内容相同或相似的真实情境，以帮助学生在真实的学习情境中积极的进行意义建构，获取知识和技能。如果脱离了学生的真实情境,学生是很难将所学内容进行迁移的。

• 可交互性原则。一个网络课程若缺少可交互性,则不过是书本教材的电子文档,谈不上有什么独特性、优越性。这里的可交互性有三层含义:一是学生在使用网络课程时,能随时随地与课程系统之间进行交互;二是学生与学生之间的交互;三是教师与学生之间的交互。本次研究设计的网络课程中将设立在线练习、在线测试、讨论园地等模块,实现网络课程的可交互性。

• 可移植性原则。所谓可移植性是指网络课程在运行、使用和移动时所表现出来的能力。为了扩大网络课程的使用范围,提高网络课程的社会效益和经济效益,降低网络课程的开发成本和教育投入成本,网络课程在设计时要注意到其可移植性。好的可移植性网络课程运行时与操作系统无关,使用时与浏览器无关,移动时与源文件的位置无关。

• 对学生积极引导,依据反馈不断完善的原则。在设计网络课程时,要充分考虑到学生的学习障碍和困难,设计的网络课程要针对这些困难来解决。

(2)网络教学平台。

广义的网络教学平台包括支持网络教学的硬件设施和支持网络教学的软件系统。狭义的网络教学平台是指建立在互联网的基础上,为网络教学提供全面支持服务的软件系统的总称。

一个完整地基于 Web 教学的支撑平台应该由三个系统组成:网上课程开发系统、网上教学支持系统和网上教学管理系统。它们分别完成 Web 课程开发、Web 教学实施和 Web 教学管理的功能。就宏观层面来说,远程教育平台的状况很大程度上反映了一个国家或地区的现代远程教育的发展水平。具体就一个远程办学实体来说,远程教育平台是远程教育教学和管理的基本活动空间,关系到教学、管理的质量和效率。

目前有的网络教学平台有如下几种。

①MOODLE、Blackboard、IBM 协作教学平台、网梯远程教育平台、清华在线教育平台等网络教育平台。

②国内 MOOC:清华学堂在线、ewant 育网、MOOC 学院、中国大学 MOOC、超星MOOC。

③门户网站:网易云课堂、有道精品课、网易公开课(App)、腾讯精品课、腾讯课堂、新浪公开课、超星学术视频、缘来知识视界、人人网开放课、搜狐公开课、Skype 教育频道,爱奇艺公开课、优酷教育、土豆开放课程、电驴公开课。

④公开课、精品课程等免费资源(国内):国家数字化学习资源中心、国家精品课程资源网、中国教育资源网、爱课程、职教公开课、高等职业教育资源中心、全国中职数字化学习资源平台、优课网、五分钟课程网、风风微课、微课网。

(3)网络课程的教学内容设计。

①选择教学内容——网络课程教学内容的选择不仅要根据学科本身的特点,还要根据学习对象的特点、兴趣等。在选择时,要尽量选取适合计算机网络表现的信息内容。

②设计教学内容的组织与呈现方式——在设计呈现教学内容时,要对教学内容进行组织,把选定的教学内容进一步细分,以达到更有效的学习效果。

③选择合适的呈现媒体——呈现教学内容的媒体有很多,比如文字、图片、声音、动

画、音频、视频等,根据内容的需要来选择相应的媒体。

④选择内容风格——设计出来的教学内容风格一定要简洁明了,即用最高效率的方式将学生想要学习的内容呈现出来,并且尽量去掉冗余的部分。

(4)网络课程教学资源设计与开发。

网络课程教学资源是开展网络教育的前提和基础,随着网络教育的逐步拓展,网络课程教学资源越来越丰富,教学资源的有效管理将成为开展网络教育的关键。它为各类学习内容、对象提供高效的存储管理,为各种使用者提供方便快捷的存取功能,为教学管理者提供资源访问效果的评价分析,从而提高教学资源对象的利用率,促进教学资源更好地为实际教学系统服务。

网络课程教学资源按实际使用的功能分为以下几个类型:课件库、微教学单元库、案例库、试题库、常见问题库、名词术语库、参考资源库、网址资源库、共享软件库以及基础资源库。

网络课程教学资源设计与开发的一般流程如下所述。

①确定教学大纲。教学大纲是以纲要的形式规定出学科的内容、体系和范围,它规定课程的教学目标和课程实质性的内容,是编写网络课程的直接依据,也是检查网络教学质量的直接尺度,对网络教学工作具有直接的指导意义,同时对学生了解整个课程知识体系也有很大帮助。

②确定教学内容。根据教学大纲,编写教材、配套的练习册、实验手册,如果已有优秀教材,尽可能从中选用。教材的内容应具有科学性、系统性和先进性,符合本课程的内在逻辑体系和学生的认知规律,其表达形式应符合国家的有关规范标准。

③总体设计与原型实现。尤其注重内容的组织、内容的表现,以及内容的导航。

④脚本编写。脚本是教学人员与技术开发人员沟通的桥梁,脚本编写要根据计算机的特点,在一定的学习理论的指导下,对每个教学单元的内容及其安排,以及各单元之间的逻辑关系进行教学设计,并写出相应的设计文本,网络课件的脚本编写要充分考虑原型设计阶段所确定的内容表现、导航、教学设计等课件的总体风格。

⑤素材准备。包括素材准备、素材采集和素材整理。

⑥课件开发。开发相应的教学辅助课件。

⑦教学环境设计。依据不同的教学模式和策略,设置支持对应教学模式和策略的网络教学环境。

⑧教学活动设计。根据教学目标及当前所具备的教学环境进行各种教学活动的设计。

⑨运行维护与评价。对网络课程的教学环境、教学资源进行维护和评价。

(5)网络课程教学策略设计。

网络课程中的教学策略包含:讲授策略、先行组织者策略、抛锚策略、教练策略、建模策略及随机进入策略。

①讲授策略。

该策略适合概念性的知识内容,网络课程主要采用异步式讲授教学,通常用于三分屏流媒体形式的网络课程。

②先行组织者策略。

该策略能够帮助学生在认知结构中,将原有的观念和新的学习任务之间建立清晰的关联。首先确定先行组织者,然后设计教学内容的组织策略,最后通过渐进分化策略、逐级归纳策略、整合协调完成。

③抛锚策略。

在抛锚策略中,"锚"指的是包含某种问题、任务的真实情景。抛锚策略的主要目的是使学生在一个真实完整的问题背景中产生学习。它是通过学生的主动学习,生成学生和教师的嵌入式教学,以及学习小组成员间的交流与合作,使学生亲自体验到从识别目标到提出和达到目标的全过程。抛锚策略试图创设有趣、真实的背景,以激励学生对知识进行积极的建构。

④教练策略。

当学生在学习过程中遇到困难需要帮助时,系统通过诊断,给予适当指导、建议、暗示和反馈。它包括给学生指明方向,提示大略步骤,提供附加的任务、问题、或有疑问的环境。

⑤建模策略。

该策略是指在问题解决的过程中,通过对同类问题多个实例的研究,总结出解决某一类问题的固有程序和步骤,从而形成一个有问题解决的模型。一般有两种类型的建模策略:显性的行为建模和隐性的认知过程建模。

⑥随机进入策略。

学生可以随意通过不同途径、不同方式进入同样教学内容的学习,从而获得对同一事物或同一问题的多方面的认识,这就是所谓的随机进入策略。

(6)网络课程教学活动设计。

教学活动设计要素包括活动目标、活动对象、活动内容、活动策略、活动过程、学习评价、活动反思。

典型的教学活动形式主要有传授型、探究型、自主型、合作型和反思型。

网络课程中教学活动类型分为网络学习指导、课程引导短片、首次课的见面会、学习风格调查、讨论类教学活动、答疑类教学活动等。

(7)网络课程评价。

①根据网络课程学习评价的目的,设计网络课程学习评价时应该遵循以下原则。

• 关注学习过程。

融评价于课程,适时给予诊断、评估、反馈,使学习和评价一体化,更好地发挥学习评价在学习过程中的监控和判断作用,从而真正关注学习过程。

• 评价内容多元化。

评价不仅涉及学科知识的掌握,还要突出学生的能力(如自主学习能力、探索能力、信息收集能力、合作能力、问题解决能力等)、情感、态度等其他方面。

• 评价方式多样化。

网络课程学习评价的主体包括学生、教师、学习伙伴等。教师作为评价的主体之一,应该引导学生积极参与评价,组织有效评价,加强自我评价和小组互评。

• 评价手段网络化和人性化相结合。

网络课程学习评价,应充分借助网络的优势,对学习过程进行跟踪、记录、存储各种评价信息。在实施过程中,通过教师及智能系统分析,给学生以反馈和指导。

②网络课程通过以下 4 个维度进行评价。

• 课程内容。课程内容符合课程目标的要求,科学严谨,课程结构的组织和编排合理,并具有开放性和可拓展性。

• 教学设计。课程的教学设计良好,教学功能完整,在学习目标、教学过程与策略,以及学习测评等方面均设计合理,能促成有效的学习。

• 界面设计。网络课程的界面要求风格统一、协调美观、易于使用和操作、具有完备的功能。

• 技术。技术维度指的是所采用的硬件和软件技术能支持网络课程的可靠安装、运行和卸载,适合网络传输。该维度包括系统要求、安装与卸载、可靠运行、多媒体技术和兼容性 5 个指标,它们全部为必需指标。

## 5. 实验步骤

(1)了解网络课程设计基础的相关内容,做好充足的准备。

(2)通过对网络教学平台使用的了解,选择合适的平台进行网络课程教学。

我们所做的是属于微课类型的网络课程,所以我们可以选择公开课、精品课程等免费资源(国内)中的五分钟课程网、风风微课、微课网等平台进行投放使用。

(3)确定科目和教材,对网络课程的教学内容进行设计。

最终我们小组选择的是新纲要云南省实验教材《信息技术》七年级第九册第二版的教材。本教材有三个单元共 16 课。

第一单元有第 1 课"信息与信息的数字化"、第 2 课"信息技术"、第 3 课"因特网信息搜素"、第 4 课"因特网信息获取";

第二单元有第 5 课"电子杂志的规划"、第 6 课"文档编辑"、第 7 课"文本框的应用"、第 8 课"表格的应用"、第 9 课"图文综合应用"、第 10 课"文件合并与超链接";

第三单元有第 11 课"数据的收集与表格制作"、第 12 课"数据的输入与编辑"、第 13 课"数据的计算——用公式计算数据"、第 14 课"数据的计算——用函数计算数据"、第 15 课"数据的排序与筛选"、第 16 课"图标制作与数据分析"。

(4)网络课程学习资源设计与开发,包括各类资源。

在完成的教学资源的设计开发中,我们遵循网络课程学习资源设计与开发的一般流程,最终在教学课件的辅助下完成教学。

(5)网络课程教学策略设计,选择合适的教学策略运用于网络课程教学。

(6)进行相关网络课程教学活动设计。

本次网络课程教学活动设计以"中学生使用手机的调查研究"为例做以下分析,如图 1-66 所示。

(7)在进行筹备的同时设计网络课程的评价方案。

(8)对开发设计好的网络课程进行修订和整理。

中学生使用手机的调查研究

1.活动目标

①培养学生调查与实践能力。

②通过调查研究、讨论，让学生了解手机使用的利害。

③培养学生合理使用手机的意识，并落实到实处。

2.活动对象

中学生。

3.活动策略

主要采用小组合作探究的形式。

4.活动过程

①课前准备。

②明确任务。

③确定要调查的主题：中学生使用手机的情况，包括使用频率、用途（学习或是其他）、对使用手机的看法。

④分组：根据学生实际情况分组，每5人一小组。

⑤明确分工：确定小组分工，完成调查研究报告。

5.课堂活动过程

①教师给出讨论主题，分别围绕中学生使用手机的频率、手机的用途、对自己用手机的看法等主题展开组间交流。

②各组派出一位代表，展示本组的调研成果；其他组对其进行评价。

③展示成果后，小组内进行深度讨论：使用手机的两面性。

④针对中学生使用手机的危害性，制定出如何合理使用手机的方案。

6.成果展示

①小组确定实施方案。

②全班展示交流。

③教师给出评价、补充要点。

7.学习评价

本次实验主要是通过让学生在课后完成实验分析，撰写并分享展示的方式，使教师了解到学生的学习情况，并在此基础上进行评价分析。

典型的教学活动形式：传授型、探究型、自主型、合作型和反思型。

网络课程中教学活动类型：网络学习指导，课程引导短片，首次课的见面会、学习风格调查、讨论类教学活动，答疑类教学活动。

本实验主要通过网上学习指导和讨论类教学活动相结合的方式来指导学生进行教学活动。由于本实验是网络课程，学生是通过网络上课，而不是面对面的交流，因此，教师主要的教学方式是通过网上学习指导。而本实验又是一门综合实践活动课，学习的主题较为开放，无固定答案、固定模式。因此教学主要是通过学生的自主学习和小组讨论的方式来完成。

图1-66　中学生使用手机的调查研究

## 6. 实验总结

在学期结束,每个小组成员完成了 3 个微课教学视频的制作,共计 12 个。在制作过程中,小组成员严格依据网络课程设计开发的原则和步骤,循序渐进,充分考虑到学生群体、教学内容,以及平台、策略的相关联系,争取将课程做到最优化。

本次实验的主要问题是我们目前的实战经验太少,基本都是通过模拟教学进行教学演练,对教学中可能存在的很多问题还考虑的不够周全。由于没有进行实地考察,我们对教学对象的了解程度较低,很多时候无法考虑到教学对象的认知水平,总认为他们懂得很多。这些问题导致我们所开发的课程在最终的投入环节没有受到很多学习群体的喜爱。

本实验的关键环节及改进措施在于以下几个方面。

(1)注重教学内容的细节以及对内容的强调。

(2)将媒体工具与教学内容有机、合理的连结。

(3)合理分配、设置教学活动,避免任务过重。

(4)在分析教学内容的时候要充分考虑到学习群体、环境等因素。

(5)各要素、各内容之间的协调、连结。

**案例分析:**

本实验报告按照网络课程设计开发的原则和步骤完成了一门网络课程的教学内容设计、学习资源设计、教学活动设计,其中实验原理清楚、实验步骤明晰,很好地完成了以小组为单位的课程开发,最后的实验总结客观具体,有独到见解,是一份较好的实验报告。但是,一方面,未能将教学策略设计和教学评价设计部分的实验结果整合到实验报告中去,这使得这份综合性实验报告显得不够完整;另一方面,就是教学内容设计部分过于简略,应该参照实验三的要求写出完整的课程教学大纲或者课程教学计划。

# 第 2 章　国外网络课程实验教学设计

进入二十一世纪以来,随着网络课程的全面铺开,美国的很多专业课程也渐渐呈现出远程教学的趋势。很多大学同时设置了面授课程、网络课程、混合式课程(线上线下结合)的多种授课形式供学生选择。2015 年 10 月,麻省理工学院(MIT)推出的供应链管理硕士项目,就是以在线学习结合在校学习来完成,其中线上学习是在 edX 平台上完成。由于在线课程具有低成本的教学环境及设施、共享开放的教育资源、随时随地的接受教育、多元化的师生交互形式等优点,很多大学会出台相关政策来鼓励学生选择在线课程项目。沃顿商学院在其网站上宣布:在线课程项目排名前 50 名的学生申请研究生项目时,免收申请费。

然而,众所周知,传统的面授课程与新兴的网络课程之间存在比较大的差异。相比较传统的面授课程而言,网络课程无论是在教学模式、教学方法、教学策略,还是在教学实施、教学评估等方面都需要在基于互联网的远程学习管理系统(LMS)环境下重新设计与开发,因此,习惯于传统面授课程的教师在实施在线教学时往往会面临新的挑战。为了解决这些问题,美国北佛罗里达大学在网络课程开设资格上采取了持证上岗制度,即持有网络课程开设资格证书的教师才能进行在线课程的教学。

美国北佛罗里达大学的教学与研究技术中心 2014 年夏季在本校的网络学习管理系统平台(Blackboard①)上开设了名为“在线教学研讨班课程”(Teaching Online seminar, TOL),参加本培训课程的教师必须先获得各系(部)主任或者项目资深教师(指有终身教职、副教授以上级别的教师)匿名推荐,然后自愿参与。这个培训课程分两个阶段,分别是:在线教学初级课程 TOL4100(Teaching Online Tool Essentials)和在线教学高级课程 TOL5100(Teaching Online Course Delivery)。

## 2.1　在线教学初级课程 TOL4100

在线教学初级课程 TOL4100 是在线教学高级课程 TOL5100 的前导课程,只有通过初级课程 TOL4100 的教师方能继续下一阶段高级课程 TOL5100 的学习。对通过初级课程的教师,如果选择进入高级课程 TOL5100 的学习,同时和教学与研究技术中心签订了学习合同且最后通过考核获得高级课程的培训合格证书,学校就会为教师提供学习补贴 1500 美元作为物质奖励,来鼓励教师利用暑假的业余时间完成自我提升。

在线教学初级课程 TOL4100 要求教师根据任务列表(即 TOL4100 Portfolio Tasks Checklist),在本校的网络学习管理系统平台(http://blackboard. unf. edu)上独立完成以下部分的工作,以创建、编辑个人网络课程的模块为主。具体的任务列表如下。

---

① Blackboard 在线教学管理平台是目前市场上唯一支持百万级用户的教学平台,拥有美国近 50%的市场份额。全球有超过 2800 所大学及其他教育机构使用该平台进行教学管理。北佛罗里达大学的 Blackboard 平台已于 2017 年 1 月停用,换成 Canvas 平台。

### 1.网络课程的创建(Blackboard 101)

(1)创建网络课程的文件夹。

(2)改变新的个人课程名称:以"名,姓 TOL 文件夹"命名该课程。

(3)设置个人 TOL 文件夹的状态为"可用"。

(4)创建外来用户的账号。

(5)加入个人的外来用户账户(格式:n＃＃＃＃＃＃guest＃)到课程文件夹。

(6)下载 TOL4100 的徽记(见图 2-1,该徽记可在 TOL4100 模板文件夹的内容压缩文件中找到),并加载到个人的课程中作为标识。

**图 2-1　TOL4100 的徽记**

(7)增加一个名为"主页"的内容区域到个人的课程菜单。

(8)将个人主页链接设置为"可用"。

(9)将个人主页内容区域移动到个人课程菜单的顶部。

(10)在"控制面板"的"个人化设置"中将个人主页变为"课程入口"。

(11)将个人"课程文档"内容区域重命名为"学习模块"。

(12)删除个人"课程信息"内容区域。

### 2.课程内容(Blackboard Content)

(1)在个人 TOL4100 课程文件夹的学习模块区域创建一个内容文件夹,并将该文件夹命名为"模块 1"。

(2)在个人的"模块 1"中,完成后续设置。

(3)根据内容文件夹提供的 word 或者 PDF 样板,在文本区以项目"文档"命名、创建一项新文档。

(4)在 UNF 网页（北佛罗里达大学网站网址:www. unf. edu）的"网页链接"中,以"UNF 网页"来命名并创建一个网页链接。

(5)在学习模块中以"第一课"创建并命名一个学习模块。

(6)创建一个新"影像",并上传一个以"图片"命名的影像样本(必须在已提供的课程文件夹内容压缩文件中选择)。注意:该影像必须要嵌入网络页面,而不仅仅只是上传一个链接。

(7)以示范的视频链接(Sample Video URL)在样本文件夹的内容压缩文件中创建一个与 YouTube 对接的视频。

## 3.交流区域(Communication)

(1)为 Blackboard 课程创建一个通告,命名为"欢迎"(在样本文件夹的内容子文件夹中提供了一个可用的通告样本)。

(2)从"工具"区域接入"电子邮件",在 Blackboard(学习管理系统)发送一个电子邮件给所有教师用户,邮件名为"TOL 测试邮件"(TOL Test Email)。

(3)在讨论会中创建一个分研讨论坛,命名为"讨论"。

## 4.合作区域(Collaboration)

(1)创建一个名为"小组 1"的手工注册组。

(2)在"小组 1"中注册个人的外来用户。

(3)创建一个命名为"组项目"的随机注册集,包括 3 个小组,以备接下来的"团队工具"——博客(Blog)、维基(Wiki)、电子邮件(Email)和电子期刊(Journal)等——可以利用。

(4)在个人的"模块 1"中完成以下 2 项任务:创建一个以"维基作业"命名的维基;创建一个以"博客作业"为名的个人博客。

## 5.作业板块(Assessments)

(1)在个人的"模块 1"中完成以下 2 项任务:创建一个以"反思论文"命名的作业;创建一个以"作文测验"为名的安全任务。

(2)从"测验、调查和题库"区域创建并命名一个测验为"测验 1"。

(3)在"测验 1"中,仿照已提供的样本文件夹加入有多个选项的单一选择题。

(4)编辑选择题,并使用一个样本文件夹中的层积云文件在选择题中加上图片。

(5)在"模块 1"文件夹中部署"测验 1"的设计框架。

## 6.分数管理中心(Grade Center)

(1)创建一个名为"文件夹"的分数管理中心分支。

(2)创建一个名为"TOL4100 文件夹"的分数管理中心栏目,打上 100 分,然后将之放在文件夹分支中。

(3)在分数管理中心隐藏"最后的入口"栏目。

(4)移动个人的"TOL4100 文件夹"栏目到总栏目的左端。

## 7.课程文件夹的传送与提交(Portfolio)

以"完成的 TOL4100"为名发送邮件到 cirtlab@unf.edu,邮件中要包括一个能够链接到个人课程开发的链接,使北佛罗里达大学的教学与研究技术中心知晓参训教师已经完成培训课程的任务,能够以此为依据对参训教师在本课程中的表现打分。

# 2.2　在线教学高级课程(TOL5100——在线课程传送)

通过完成在线教学高级课程(TOL5100——在线课程传送)的学习,教师应掌握如何完成有效的网络课程教学,包括开发和运用现有的教学环境、教育技术,发布相应的教学模块,具体能力如下。

(1)能够有效利用 Blackboard 的工具(如博客、维基、评估、作业、讨论模块等)。

(2)能够界定一个有效的在线教师的特征。

(3)能够计划如何有效地开始和结束网络课程。

(4)能够在教授网络课程时决定怎样管理教学工作量。

(5)能够根据网络环境改进个人的教学方法。

(6)能够列举出可以作为"现场教学"的活动。

在线教学高级课程(TOL5100——在线课程传送)在初级课程的基础上以网络课程的形式开展培训,从教学大纲、教学进度计划到课程的教学模块设计、作业要求,都有着网络课程的典型特征。本培训课程为期六周,参训教师一般每周需要花至少 3~5 小时的工作量来完成线上和线下的作业,总的来说大约需要 25 个小时。这门课不指定教科书,教学内容由一个课前测试和五个模块组成,每个模块需要在一到两周内完成各种任务、作业,其中包括大量的阅读、观看各种视频、提交网络博客、异步和同步的网络讨论、期中和期末网络评估调查、制作及发布教学视频到 YouTube。

网络课程是一种远程学习,学生和指导教师之间的互动都是通过网络来实现。因此,网络课程对学生和指导教师来说就会有一些明显不同于传统面授课程的要求。对学生而言,既需要高度的自律能力来完成所有任务,同时也要学会与其他同学在网络上交流、协作,以及与指导教师在网络上进行互动。对于指导教师来说,首先要在教学大纲和教学计划中以非常明确且具体的方式提出学生在本课程中的学习目标和学习期望,其中包括应完成哪些任务或者作业,完成任务的评分标准,每一次任务或者作业提交的最后期限等等;其次用一系列有效的监督机制来加强学生的学习意识,如在大纲中规定学生每周(需要的话甚至可以是每天)必须登录学校网络平台来浏览是否有新的通告及学习资源,并在每周一以通告或者电子邮件的形式督促或提醒学生按时完成作业。最后,指导教师要及时反馈的教学评价,比如,将评分或者详细的评语在作业上交后一周内反馈到评分中心或者是相应网络论坛。同时,教师要提供线上与线下的支持,如学生的疑问可以通过四种方式与指导教师沟通——在线 ooVoo(类似我们的 QQ 或微信)、打电话、发电子邮件或者面对面交谈。指导教师会每天查看电子邮箱,学生可以通过电子邮件预约面谈时间,大纲中还承诺学生的疑问将在 24~48 小时内获得答复。以上措施可以促使学生积极地参与到各种学习活动中,指导教师即帮助学生完成任务也实现了与学生的有效互动。总的来说,课程指导教师的责任及要求必须在教学大纲和教学计划中充分且详尽地阐述清楚,这对开设网络课程的教师而言往往是极大的考验。

除了教学互动、线上课程管理和教学评价方面的差异,网络课程与面授课程的不同之处还在于技术方面的一些特殊考虑。在 TOL5100 教学大纲中,对这些技术方面的细节做了特别说明。首先,在培训设施方面,要想顺利通过这个培训,参训教师的个人计算机应该配置微软的 word 文本编辑处理软件、常规的邮件通讯软件、网络摄像头、能够使用互联网进行搜索(包括北佛罗里达大学图书馆的搜索),还能够经常利用登录课程网站(即blackboard. unf. edu)。此外,Javascript 和 Flash 播放器也是需要安装的。其次,由于这是一门高度交互的网络课程,因此必须要会使用各种各样的教学媒体,如演示文稿软件、视频、文稿、在线学习模块和同行讨论等。以学生为中心的在线学习需要学生积极地参与,同时要为自己的学习负责。远程学习课程是异步的(学生可以在任何时候登录Blackboard 去完成课程要求的工作量),但是有时也会和小组内其他成员同步讨论完成。学生还会被要求在规定时间内完成各种小测验、参与课程讨论、提交每周一次的作业。完成每周一次的作业将有助于培养一种学习共同体的意识,并在指导教师和学生之间建立起更有效的沟通。每一次的作业和测验都会获得指导者的反馈(即成绩评定),每一次讨论结束以后都会及时获得指导教师的评价。最后,大纲为初次参加网络课程的学生提供了完备的技术帮助途径,从如何登录和使用课程网页(北佛罗里达大学远程学习网站Bb:http://www. unf. edu/distancelearning/),到出现了技术问题后求助方式(大纲中注明了"教学与研究技术中心"的联系人和联系方式,即 CIRT)。

由于 TOL5100 是比较特殊的一门教师培训课程,所以采用的及格标准比一般课程稍高一些。课程所有作业及任务的总分是 140 分,参训教师必须达到 70%的完成率以上(含 70%)才算及格。凡是达到及格线的参训教师会获得学校颁发的课程考核合格证书。持有该证书的教师才有资格在北佛罗里达大学的网络教学平台上开设网络课程。

为方便准备开设网络课程的教师做参考,以下给出美国北佛罗里达大学 TOL5100教学计划的中英文对照版(见表 2-1)。TOL5100 实验作业的英文评价标准见附录。

表 2-1　TOL5100 课程计划(2014 夏季)

| 周次 | 学习活动 | 作业提交截止时间 |
|---|---|---|
| | 网络平台上的意向性测试:评估开始学习本课程前的个人知识背景、能力水平 | 必须在进入模块 1 前完成 |
| 模块 1:课程开始 | | |
| 第一周:<br>6 月 29 日至<br>7 月 6 日 | 阅读以下文献:<br>• Becoming An Online Teacher<br>(成为一名在线教师)<br>• What Are the Essential Characteristics of the Successful Online Teacher and Learner?<br>(成功的在线教师和学生的基本特征有哪些?)<br>观看以下视频:<br>• Week 1 "To Do" List<br>(第一周的"功课"清单)<br>• How to Navigate this Course<br>(怎样顺利通过这门课) | 7 月 6 日<br>(11:59pm) |

续表

| 周次 | 学习活动 | 作业提交截止时间 |
|---|---|---|
| | 提交：<br>• Blog：Introduction and respond to at least two Peers<br>（博客：自我介绍，并对至少两位同学的自我介绍做出回应）<br>• Discussion：Challenges and respond to at least two peers<br>（讨论：挑战并回应至少两位同学的观点）<br>• Assignment：Welcome Letter<br>（作业：欢迎信） | |
| 模块 2：在线学生 | | |
| 第二周：<br>7 月 6 日至<br>7 月 13 日 | 阅读以下文献：<br>• Indicators of Instructor Presence that are Important to Students in Online Courses<br>（对学生而言极为重要的现场指导指标——标识教师融入在线课程讨论与交流的程度）<br>• Planning Student Workload<br>（计划学生的工作量）<br>幻灯片浏览：<br>• How to See What Students See<br>（怎样去看学生所看到的）<br>观看视频：<br>• Colorado Online Learning：Student Perspectives<br>（科罗拉多州在线学习：从学生的角度来分析）<br>提交：<br>• Discussion：Student Perspectives<br>（讨论：从学生的角度来看待在线课程） | 7 月 13 日<br>（11：59pm） |
| 模块 3：在线教学工具 | | |
| 第三周至<br>第四周：<br>7 月 13 日至<br>7 月 27 日 | 阅读以下文献（至少一篇）：<br>• Seven Principles of Good Practice in Online Teaching<br>（在线教学的 7 大优秀实践原则）<br>• Tips and Tricks for Teaching Online：How to Teach Like a Pro<br>（在线教学的小技巧和诀窍：怎样教才像一个职业教师）<br>• Reducing the Online Instructor's Workload<br>（减少在线教师的工作量）<br>• Learning Styles and the Online Environment<br>（学习风格与在线环境）<br>• Incorporating Interaction Into Your Distance Learning Course<br>（将协作式交互整合到你的远程学习课程） | 7 月 27 日<br>（11：59pm） |

| 周次 | 学习活动 | 作业提交截止时间 |
|---|---|---|
| | • Engaging and Motivating Students<br>（吸引和激励学生）<br>幻灯片浏览：<br>• Effective Teaching Strategies in Online Courses presentation<br>（呈现在线课程的有效教学策略）<br>观看视频：<br>• Encourage Student Responsibility for Learning<br>（鼓励学生对学习负责）<br>提交：<br>• WIKI：Instructional Presence<br>（维基：定义"现场教学指导"）<br>• COLLABORATE：Participate in Synchronous<br>（协作式交流：参与同步的网络讨论）<br>• Discussion<br>（讨论）<br>• SURVEY：Midterm Evaluation<br>（调查：期中评估） | |
| 模块 4：教学评价 | | |
| 第五周：<br>7 月 27 日至<br>8 月 3 日 | 阅读以下文献：<br>• How Can We Make Assessments Meaningful?<br>（怎样才能使我们做出有意义的教学评价?）<br>• Point, Click, and Cheat<br>（点,点击,作弊）<br>• How do I minimize cheating on Blackboard assessments?<br>（怎样才能在 Blackboard 上进行网络教学评价时将作弊降到最低?）<br>幻灯片浏览：<br>• Online Learning Assessment Strategies<br>（在线学习评估策略）<br>• Assessing Student Learning<br>（评估学生的学习情况）<br>观看视频：<br>• 21st Century College Cheating<br>（21 世纪的大学作弊）<br>提交：<br>• DISCUSSION：Assessment<br>（讨论：教学评价） | 8 月 3 日<br>（11：59pm） |

| 周次 | 学习活动 | 作业提交截止时间 |
|---|---|---|
| 模块 5：结束课程 | | |
| 第六周：<br>8 月 3 日至<br>8 月 10 日 | 阅读文献：<br>• Tips on Ending Your Online Course<br>（结束课程的技巧）<br>• Online ISQ website<br>（在线的 ISQ 网页）<br>观看视频：<br>• Ending Your Online Course<br>（结束你的网络课程）<br>提交：<br>• WIKI：Implementation<br>（维基：定义"教学实施"）<br>• DISCUSSION：Introduction Video (post link to You Tube and respond to at least two of your peers)<br>（讨论：将个人的自我介绍视频链接发布到 YouTube,然后对至少两个同学的视频给予评论）<br>• SURVEY：Online Course Evaluation<br>（调查：在线课程评价） | 8 月 10 日<br>（11:59pm） |

# 附录　TOL5100 实验作业的评价标准

Since this is a pass/fail course, letter grades will not be assigned. In order to pass this course you must successfully complete all of the assignments listed below with a 70% or higher. If you do not complete all of the assignments you will not receive credit for this course. After you have successfully completed all of the assignments will be awarded the official TOL5100 badge and a Certificate of Completion.

| Grading Scale | |
| --- | --- |
| Complete | 98-140 points |
| (70%~100%) | |
| Incomplete | 0-97 points |
| (0%~69%) | |

Introductions (20 points)

During the first week of the course you will be asked to post an introduction and picture of yourself on the class blog. You should also read your colleagues' introductions and respond to them as appropriate to get to know them better.

**Introductions Rubric**

| Criteria | Excellent [20 points] | Satisfactory [17 points] | Unsatisfactory [13 points] | Incomplete [0 points] |
| --- | --- | --- | --- | --- |
| Content | Included all required information; picture of self is appropriate (10) | Included some of the required information; pictures and text are appropriate (9) | Included a minimal amount of information, but not adequate(7) | Does not follow requirements; or not submitted(0) |
| Community responses | Responses to peers are respectful, thoughtful, relevant, and posted by the due date; at least two peer responses posted (5) | Responses to peers respectful and posted by the due date; responses are not relevant or not thoughtful; at least two peer responses posted (4) | Responses to peers respectful and posted by the due date; responses are not relevant or not thoughtful; or less than two peer responses posted (3) | No peer response; or response is not respectful; or response posted after the due date(0) |

| Criteria | Excellent [20 points] | Satisfactory [17 points] | Unsatisfactory [13 points] | Incomplete [0 points] |
|---|---|---|---|---|
| Conventions | Posted by the due date, few stylistic errors, organized, direct & clear communication (5) | Posted by the due date, several stylistic errors, weak organization, not always direct & clear communication (4) | Posted by the due date; many stylistic errors, not organized, limited clarity (3) | Not submitted(0) |

Welcome Letter (20 points)

Using the sample letter sent for this course, develop a welcome letter to send to the students in the online course you will be teaching. Be sure to include the name of the course, the dates (or term) of the course, your contact information, information about Blackboard (and where they can get additional help with technology), and what they should do first (i. e. where to start).

**Welcome Letter Rubric**

| Criteria | Excellent [20 points] | Satisfactory [15 points] | Unsatisfactory [10 points] | Incomplete [0 points] |
|---|---|---|---|---|
| Course information | Included all required information (4) | Included some of the required information (3) | Included a minimal amount of information, but not adequate (2) | Information not included(0) |
| Contact information | Included all required information (4) | Included some of the required information (3) | Included a minimal amount of information, but not adequate (2) | Information not included(0) |
| Blackboard and technology | Included all required information (4) | Included some of the required information (3) | Included a minimal amount of information, but not adequate (2) | Information not included(0) |

| Criteria | Excellent [20 points] | Satisfactory [15 points] | Unsatisfactory [10 points] | Incomplete [0 points] |
|---|---|---|---|---|
| Where to start | Included all required information (4) | Included some of the required information (3) | Included a minimal amount of information, but not adequate (2) | Information not included(0) |
| Conventions | Few stylistic errors, organized, direct & clear communication (4) | Several stylistic errors, weak organization, not always direct & clear communication (3) | Many stylistic errors, weak organization, not always direct & clear communication (2) | Many stylistic errors, not organized, limited clarity(0) |

Instructional Presence (10 points)

After watching a presentation and reading articles on instructional presence and effective teaching strategies, post a list of at least five activities you will do to be a more effective online instructor on the "Instructional Presence" Wiki.

# 参 考 文 献

[1] 中华人民共和国教育部. 关于加快中小学信息技术课程建设的指导意见(草案).
　　http://www.moe.edu.cn/s78/A06/jcys_left/zc_jyzb/201001/t20100128_82083.html。

[2] 武法提. 网络课程设计与开发[M]. 北京:高等教育出版社,2007.

[3] 中华人民共和国教育部. 教育部关于印发《中小学综合实践活动课程指导纲要》的通知.
　　http://www.moe.gov.cn/srcsite/A26/s8001/201710/t20171017_316616.html。